中华料理·潮菜文化丛书

# 工夫茶

纪炜燕
杨伟琼
张燕忠 著

广东旅游出版社
GUANGDONG TRAVEL & TOURISM PRESS
悦读书·悦旅行·悦享人生

中国·广州

**图书在版编目（CIP）数据**

工夫茶 / 张燕忠, 杨伟琼, 纪炜燕著. -- 广州：
广东旅游出版社, 2024. 8. -- (中华料理·潮菜文化丛
书). -- ISBN 978-7-5570-3363-7

Ⅰ. TS971.21

中国国家版本馆CIP数据核字第2024A6Y946号

出 版 人：刘志松
策划编辑：陈晓芬
责任编辑：方银萍
插　　图：艾颖琛　　王琪琼　　刘孟欣
封面设计：艾颖琛
内文设计：谭敏仪
责任校对：李瑞苑
责任技编：冼志良

**工夫茶**
GONGFUCHA

出版发行：广东旅游出版社
　　　　　　（广州市荔湾区沙面北街71号首、二层）
邮　　编：510130
电　　话：020-87347732（总编室）020-87348887（销售热线）
投稿邮箱：2026542779@qq.com
印　　刷：广州市岭美文化科技有限公司
　　　　　　（广州市荔湾区花地大道南海南工商贸易区A栋）
开　　本：787毫米×1092毫米　16开
字　　数：230千字
印　　张：18.5
版　　次：2024年8月第1次
印　　次：2024年8月第1次
定　　价：98.00元

# 编委会机构名单

## 一、策划组织单位

汕头市文化广电旅游体育局　汕头市侨务局　汕头市外事局

汕头市潮汕历史文化研究会　汕头市潮汕历史文化研究中心

## 二、顾问

学术顾问：林伦伦

顾　　问（按姓氏笔画为序）：　刘艺良　陈幼南　陈绍扬　林楚钦

罗仰鹏　郭大杰　黄迨光

## 三、编委会

主　　任：李闻海

副 主 任：钟成泉　吴二持　杜更生

秘 书 长：杜更生（兼）

## 四、编写组

主　　编：纪瑞喜

副 主 编：林大川　李坚诚

编　　委（按姓氏笔画为序）：　纪瑞喜　杜　奋　李坚诚　张燕忠

林大川　钟成泉　谢财喜

## 五、特聘人员

特聘摄影：韩荣华

特聘法务：蔡肖文

## 六、承办单位

汕头市岭东潮菜文化研究院

汕头市传统潮菜研究院

## 七、出版赞助单位和个人（排名不分先后）

广东省广播电视网络股份有限公司汕头分公司

广东蓬盛味业有限公司

广州市金成潮州酒楼饮食有限公司

新西兰潮属总会

深圳市喜利来东升酒业有限公司

泰国大华大酒店董事长陈绍扬先生

# 中华潮菜，人人所爱

## ——《中华料理·潮菜文化丛书》序

林伦伦

  经过大师们一字一句的不辍努力，这套《中华料理·潮菜文化丛书》前5册稿子终于杀青了。丛书主编纪总瑞喜兄让我为丛书作个序言。我跟纪总可以算是老朋友了，20多年前我还在汕头大学工作的时候，就曾经帮纪总策划印行过一本当时比较时尚、文化味较浓的建业酒家菜谱，从此就没少来往。老朋友有请，我却之不恭，就只好以"吃货"冒充美食家，把大半辈子吃潮菜的体会写出来，充数作为序言。

  我以前曾经认真拜读、学习过钟成泉大师的"潮菜三部曲"——《饮和食德：潮菜的传承与坚持》《饮和食德：老店老铺》《潮菜心解》和张新民大师的"潮菜姊妹篇"——《潮菜天下》及其续篇《煮海笔记》等大作，现在又阅读了钟成泉、纪瑞喜、林大川等潮菜大师的几本书稿，加上我是年近古稀的资深吃货一枚，经过60多年吃潮菜的"浸入式"实践和近十年来有一搭没一搭的"碎片化"思考，也终于对潮菜有了一定的心得体会。我曾经写过若干篇关于潮菜美食的小文章，如《在老汕头的转角遇见美食》《季节的味道》等，但要像上面提到的各位大师一样系统性地写成著作，我还没有这个能耐和胆量。现在，我就把这些"碎片化"的读书心得和美食体会先写出来，希望对大家阅读《中华料理·潮菜文化丛书》有帮助，就像吃正餐之前先吃个开胃小菜吧。

  潮菜为外人所称道的特点之一是味道之清淡鲜美，讲究个"原汁原味"，我这里小结为"不鲜不食"。

味道的鲜美主要靠的是食材的生猛。潮汕人靠海吃海，潮汕是个滨海地区，海岸线长，盛产海产品。品种多样的海鲜，是潮汕滨海居民最原始的食材。南澳岛上的考古发现，8000多年前的新石器时代早期，属于南岛语系的土著居民就已经懂得打磨细小石器来刮、撬牡蛎等贝壳类水产品了。6000—3000年前新石器时代中晚期的贝丘遗址，土著居民吃过的贝壳类海产的壳已经堆积成丘，成为"贝丘遗址"了。等到韩愈在唐代元和十四年（819年）因谏迎佛骨被贬南下任潮州刺史，写下《初南食贻元十八协律》诗，把第一次吃离奇古怪、丑陋可怕的海产品时吃出一身冷汗的深刻印象描写给了一位叫"元十八"的朋友，已经是年代很晚的时候了，而且食材已经是经过烹饪，且懂得用配料相佐了："我来御魑魅，自宜味南烹。调以咸与酸，芼以椒与橙。"

　　当然，我们不应该把粤东滨海地区土著居民的渔猎生活和食材当成潮菜的源流，但是，潮汕人吃海鲜至今还是保留近于"茹毛饮血"式的原汁原味，现如今闻名遐迩的"潮汕毒药"——生腌海鲜（螃蟹、虾、虾蛄），其味道鲜美至极，非一般烹饪过的海鲜所能比匹。"毒药"之戏称，意思是指像鸦片等一样，一吃就会上瘾。用开水烫一烫就装碟上桌、半生不熟、鲜血淋漓的血蚶，外地人掰开一看，大多数会像韩文公一样望而生畏，硬着头皮试一只，肯定是"咀吞面汗驿"；而潮汕人春节年夜饭的菜单上，这血蚶是必列的菜肴。蚶的壳儿潮语叫

"蚶壳钱"，保留了史前时代以"贝"为币的古老习俗。吃了蚶，既补血，又有"钱"了，多好！

　　鱼饭也是一种原生态的"野蛮"吃法，巴鳞、鲇鱼等海鲜就在出海捕捞的渔船上，用铁锅和水一煮，在船板上晾一晾就吃，一起煮的可能还有同一网打起来的虾和蟹，多种味道释放、汇合，其味更佳。上水即吃，原汁原味，此味只应海上有。现在高档酒家里的冻红蟹，一只好几百元，甚至上千元，即源于这种原始的食法。有些地方，也仿效"鱼饭"之名，称作"蟹饭""虾饭"等。

　　潮菜"不鲜不食"的特点，建立在与天时地利的自然融合上，其秘诀一是"非时不食"，一是"非地不食"。

　　所谓的"非时不食"，讲究的是食材的"当时"（当令）。潮菜食材讲究天时之美，也就是食材的季节性，我把它叫作"季节的味道"。这季节的味道，首先体现在食材选择的节令要求上，简单说就是"当时"（当令）或者"合时序（$su^2$）"，无论是海鲜还是蔬菜。

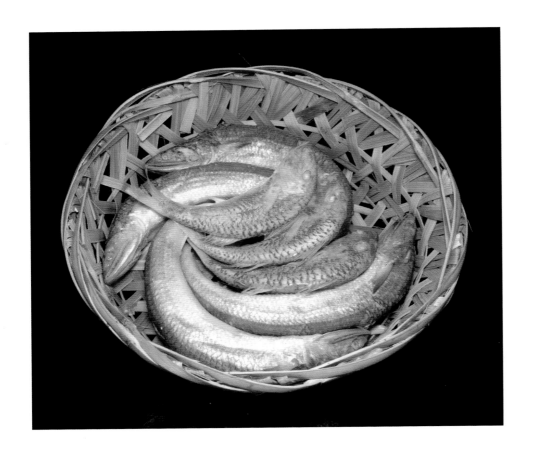

　　民间流传有潮语《十二月鱼名歌》（《南澳鱼名歌》），说明了海鲜在哪一个月吃最鲜美。歌谣云：

正月带鱼来看灯，二月春只假金龙，

三月黄只遍身肉，四月巴浪身无鳞，

五月好鱼马鲛鲳，六月沙尖上战场，

七月赤鬃穿红袄，八月红鱼作新娘，

九月赤蟹一肚膏，十月冬蛴脚无毛，

十一月墨斗放烟幕，十二月龙虾擎战刀。

你可以从这首歌谣中知道农历哪个月吃哪种鱼最当令。此外还有"寒乌热鲈"（冬吃鲻鱼，夏吃鲈鱼）、"六月鲫鱼存支刺"（言六月的鲫鱼不肥美，不好吃）、"六月乌鱼存个嘴，苦瓜上市鳓鱼肥""六月薄壳——假大头""六月薄壳米，食了唔甘漱齿（刷牙）""夜昏东，眠起北，赤鬃鱼，鲜薄壳""年夜尖头冬节乌"等谚语，说明了各种海产品"当时"（当令）的季节。

蔬菜、水果的时令就更加明显了：春夏之交吃竹笋，大夏天里是瓜果菱角，秋日里最香的是芋头，最甜的是林檎，冬春之交最有名的是潮汕特有的大（芥）菜和白萝卜。潮汕谚语云："正月团婿，二月韭菜""清明食叶，端午食药""（农历）三四（月）枇杷梅，五六（月）煠（$san^8$，煮）草粿""三四桃李柰，七八油柑柿""五月荔枝树尾红，六月蕹菜存个空（$kang^1$）"（农历五月荔枝熟了，但通心菜却不当令）、"七月七，多哖（山捻子）乌，龙眼呠（水果成熟而壳儿裂开）""九月蕹菜蕊，食赢鲜鸡腿""霜降，橄榄落瓮""立冬蔗，食荟病痛"等，也都与季节的味道有关，简直就是食材采食时间表。

所以啊，懂行的话，你到潮汕来追鲜寻味，来个美食之旅，就得结合你来的季节、时令来点海鲜和蔬菜瓜果，一定要避免点不对时令的鱼、菜。美食行家把这叫"不时不食"。现在的大棚菜，反季节、违时令的菜也能种出来，人工养殖的鱼也可以反季节饲养，但是味道就是没有自然生长、当令的那么好了。

对海产品食材"鲜"的要求，还跟潮汐有关。高档的潮菜酒楼采购海鲜食材会精确到"时"，讲究"就流"（$lao^5$，劳）。

"就流"鱼就是刚好赶潮流捕回来的鱼，"骨灰级"的吃货是自己直接到码头等着买"就流"的海货回家，现买现做现吃。过去的海鲜小贩有"走鱼鲜""走薄壳"的说法。"走"就是跑，从靠渔船的码头"退"（批发）到海鲜，赶快往市场跑，谁的海鲜先到达菜市场，谁的海鲜就能卖个好价钱，因为是最新鲜的嘛，潮汕人讲究的就是"就流"这口"鲜甜"！我在南澳岛后宅镇还目睹过夜晚八九点到凌晨一两点钟的"就流"海鲜夜市，一筐头一筐头的海鲜摆满了夜市，购买者人头攒动，各自选择自己爱吃的鱼、虾、蟹等，好不热闹，听说这里面还不缺从汕头市区专车赶来的高级别吃货。

　　其实，对植物、动物类的食材也有这种"时"的讲究，例如挖竹笋要讲究在露水未开之前，而食用则是最好不要过夜（即使放进冰箱也不行）；新鲜的玉米也是当天"拗"（$o^2$，折断），当天吃，过夜不食。而火遍全国的潮汕牛肉火锅的牛肉，是在N小时内配送到店，有喜欢显摆的食客还拍到牛肉在"颤抖"的视频。所以，不少牛肉火锅店就开在离屠宰场不远的地方，讲究的就是尽量缩短牛肉配送的路程，以保持牛肉的鲜活度。

　　所谓的"非地不食"，讲究的是食材的原产地，我把它叫作"地理的味道"，或曰"家乡的味道"，这是指潮菜食材的地域性。潮汕各地山川形胜有所不同，民俗也有一些差异，此所谓"十里不同风，百里不同俗"。就是小吃，也是各有特色，潮州的鸭母捻、春卷、腐乳饼，揭阳的乒乓粿、笋粿，惠来的靖海豆楫、隆江猪脚，普宁的炸豆干、豆瓣酱，潮安凤凰山的栀粽、鸡肠粉（畲鹅粉），澄海的猪头粽、双拼粽球、卤鹅，汕头的西天巷蚝烙、老妈宫粽球（粽子）、新兴街炒糕粿、老潮兴粿品、百年银屏蚝烙……说不完，尝不尽。而考究的潮菜馆，对食材的要求也必须有空间感及品牌意识：卤鹅一定要澄海的，豆瓣酱要普宁的，芥蓝菜要潮州府城的，大芥菜（包括其腌制品"咸菜"）要澄海的，炸豆腐要普宁或者潮安凤凰山的，紫菜要南澳、澄海莱芜、饶平三百门的，鱿鱼要南澳的（宅鱿）……潮汕人吃海鲜，时间上讲究"就流"，而在空间上，讲究的是"本港"，就是本地出产的。在南澳岛，我曾经去市场买菜，才知道"本港鱿"和"白饶仔"（一种白色的牙签大小的小鱼儿）的价格是外地同类海产品的两倍以上，想买都不一定买得到，因为季节不对就断货了，市面上卖的都是外地来的。

潮人对食材出产地理的重视意识起源较早，而且基本达成共识，民间把它编成了"潮汕特产歌"来传唱。下面摘录一段，与大家分享。这类歌谣，各地版本都有所不同，大致唱自己家乡的，都会多编一些，谁不说俺家乡好呢！

揭阳出名芳豉油，南澳出名本港鱿；
凤湖出名青橄榄，南澳出名甜石榴；
南澳出名老冬蛴，地都出名大赤蟹；
葵潭出名大菠萝，澄海出名好卤鹅；
海门出名大红螺，月浦出名狮头鹅；
海山出名大虾插，溪口出名甜杨桃；
邹堂出名青皮梨，石狗坑出乌梨畔；
府城出名鸭母稔，梅林出名大红柿；
下湖出名好荔枝，达濠出名鲜鱼丸；
樟林出名大林檎，隆都出名甜米粢；
凤凰出名单丛茶，内陇出名酥杨梅；
石马出名石马柰，东湖出名大西瓜；
……

潮菜的第二个特点是精心烹饪。文学家者流喜欢夸张地说潮菜烹饪大师们善于"化腐朽为神奇"。说"腐朽"过头了，说"普通"或者"一般"比较接近事实。潮菜的食材除了高档的燕窝、鱼翅、鲍鱼、海螺、海参、鱼胶、大龙虾等之外，其他菜品的食材多数是来自普通的海鲜、禽畜和蔬果。再简单不过的食材，也能花样翻新，做出色香味俱佳的菜肴来。我曾经在中央电视台的美食比赛节目里看到过，一位参加比赛的澄海大哥，获奖的一道汤叫"龙舌凤尾汤"。名称可是令人遐想顿生的、上得了厅堂的雅致；食材呢，不过就是几条剥壳留尾的明虾，加上几片切得薄薄的、椭圆形的、口感爽脆的菜脯（萝卜干）而已，成本也就在比赛规则限制的30元之内。看这个节目的时候，我就想起来著名文学家梁实秋先生写的跟随澄海籍的著名学者黄际遇教授在青岛大学（山东大学前身）吃潮菜时也谈到了的吃虾的情节。

黄际遇先生是个数学家，曾经留学日本、美国，也是一位国学根底深厚的学者，可以在中文系开讲"古典诗词和骈文"，在历史系开讲"魏晋南北朝史"。他也是个美食家，饮食考究，在青岛教书时还专门"从潮州（澄海）带来厨役一名专理他的膳食"。梁实秋跟着吃了，赞不绝口："一道一道的海味都鲜美异常，其中有一碗白水余虾，十来只明虾去头去壳留尾巴，滚水中一烫，经适当的火候上锅，肉是白的尾是红的。蘸酱油食之，脆嫩无比。"后来梁实秋到了台湾，想起要吃这道菜，就叫家里的厨子做了，就是没吃出青岛时的味道来。我想，有可能是虾选得不够新鲜、不是"就流"的，要不就是火候掌握不好，也许是煮老了。哈哈！

潮菜的"化普通为神奇"，其实源于千家万户的"主中馈"者（家庭主妇们）自觉不自觉的创新和创造。米谷主粮不够吃的年份，番薯几乎成了主食。主妇们愣是用多种烹饪方法，轮流使用，把番薯也做得香甜可口，久吃不厌。整个"爊（hib⁴，焖煮）"着吃，烤（煨）着吃，切片"搭"（贴在铁锅上）着吃，加米煮（番薯粥）着吃。如果家里有糖的话，糕烧或者做反砂薯块吃，那可是顶流吃法了，现在这两样都成了餐馆里顾客爱吃的最后甜点了。番薯还可以搓成丝儿煮粥，磨成泥提炼淀粉然后做蚝烙（牡蛎煎），做成小小的丸子可以煮糖水，家里有谁感冒发烧之后肠胃不好就煮着吃；还能做成番薯粉丝，我老家农村里叫"方（bang¹）签"，逢节日时才煮来吃的，如果有鸡蛋、白菜，甚至五花肉、爆猪皮，那就是无论男女老少、人见人爱的佳肴了，类似于东北人都爱吃的东北菜——"乱炖"吧！至于驰名大江南北的"护国菜羹"，不过就是红薯叶泥和高汤做的一碗羹。当然了，给它配上一个精彩的历史故事使它有了文化内涵也很重要。

我们还可以举煮粥的例子，大米全国哪里没有？谁家没有？但是把煮粥做成餐饮行业的一个可以单独开店、营业额比一般菜馆还多的门类，也就只有潮汕人能煮得出来了。我在西北的敦煌、东北的哈尔滨，居然都能吃到潮汕砂锅粥，真是服了在那里开店的老乡们了！

潮汕话把粥叫作"糜"（muê⁵）。糜的种类很多，除了白糜之外，有各种各样的"芳糜"：猪肉糜、膀粕糜、鱼糜、蟹糜、虾糜……鱼糜则还有"横鱼（豆腐鱼、九肚鱼）糜""鱿鱼糜""鲳鱼糜""草鱼糜"等；还有素食类的秫（zug⁸）米糜、小米糜、大麦糜、番薯糜等。

"煮白糜"听起来好像最简单，但要煮好一锅让潮汕人认可的"糜"着实很不容易，首先是煮粥的米和水大有讲究，最好是东北的珍珠米和矿泉水；二是煮的方法上的门道，这锅"糜"里的米粒必须"外软里硬、米汤黏稠而米心有核

儿"；三是"糜"从煮熟到开吃的时间也要讲究，要"唔迟唔早啱啱好"（不迟不早刚刚好）。我常在外出差，不管是汽车站、高铁站，还是机场，离家的车程大约都在半个小时至一个小时之间，上了出租车就给守家的太太打个电话报平安："我回来啦！"其实是给她递个信号："请淘米下锅，煮糜啦！"太太习惯了我的这种"委婉语"，砂锅白糜大概20分钟煮好，让它"洰（ge$^2$）"10分钟正好吃：一是温度适口、不烫不凉；二是稠度适中、有饮（am$^2$）而黏。我往往是行李箱一放下，连手都来不及洗，就美美地享受起"一日不见，如隔三秋"的永远的初恋——白糜。

　　我曾经听东海酒家钟大师成泉兄介绍过他如何花样翻新、将普通的"槟鱼"（doin$^6$ he$^5$，澄海叫"蛇鱼"，广州叫"九肚鱼"，江浙叫"豆腐鱼"，学名"龙头鱼"）除了做成"槟鱼咸菜汤""槟鱼糜""炸槟鱼""槟鱼煲"之外，还把它烹制成蒜香槟鱼、铁板烧槟鱼、椒盐槟鱼、菠萝槟鱼、槟鱼丝瓜烙、槟鱼煮咸面线/粉丝/粿条……用成泉兄的话说，就是"你的用心，让豆腐鱼也翻身"。槟鱼本来是比较便宜的家常菜食材，成泉兄却能够用心研究，把它烹调成为席上美味佳肴。"用心"是关键词，道出了潮菜的另外一个突出特点——精心烹饪。

　　其实做什么事都是一个样：喜欢了，才会对其"用心"；"用心"了，才会有所发现、有所创造。这是一个带有哲学性的普世规律，不仅仅适用于饮食行业。

　　至于潮菜酒店里的高档潮菜，不但食材昂贵，烹饪技法高超，而且是各家名店"八仙过海，各显神通"，各有擅长，普通家庭是做不来的。几乎每一位潮菜大师都有自己的独家绝活和看家名菜。我就曾经听好几位香港朋友说，到汕头来，就要去吃东海酒家的"烧鲡

螺"，那可是钟大师成泉兄的拿手绝活。而纪大师瑞喜兄最拿手的应该是鱼胶的制作与烹饪，林大师大川兄则是以制作和烹饪大鲍鱼驰名。

其实，潮菜本来是千家万户潮汕人的家常菜。天天做潮菜、吃潮菜是潮汕人的一种日常生活方式，本地人幸福感爆棚，外地人羡慕不已。但也有一个毛病，就是潮汕人到外地去，总觉得吃不好：不是嫌口味太重了，就是怪食材不新鲜，或者烹饪不得法。潮汕本地的潮菜馆里有点小贵、北上广深港等大城市酒楼里价格颇高的潮菜，是潮菜的另外一种面目——高档潮菜。其食材高档且经精挑细选，汇集各地应时食材，并经名厨大师主理烹饪；高档的潮菜馆通常也都装修雅致、服务周到。这是商业型的潮菜，价格高也是物有所值。

这套丛书第一批共有5本，其中三本——钟成泉的《潮菜名厨》、纪瑞喜的《潮菜名菜》、林大川的《潮菜名店》是三位大师的经验之作，我估计他们是分工合作，分别从厨师、菜式和菜馆三个方面对潮菜的总体面目做个介绍，给读者一个比较全面的印象。

《潮菜名厨》的作者是钟成泉大师。钟大师是1971年汕头市首期厨师培训班的学员，从著名的厨师，到自己创业，半个世纪过去，这中间他换了很多单位，也经过了很多名师名厨的指点，也与自己的师友多有交流，可谓经历丰富，转益多师。在这本《潮菜名厨》里，有他的培训班的老师，也有培训班的同学，还有他工作过的各家餐室、酒家的潮菜师傅：罗荣元、陈子欣、蔡和若、李锦孝、柯裕镇、林木坤等。他写的不仅仅是潮菜名师，其实也是半部潮菜发展史。钟大师大著的特点是资料很珍贵，文字很"成泉"，别的人写不出来。我见过他的初稿，那是他一笔一画写在手机上的，真的是"第一手"资料！

《潮菜名菜》的作者是本套丛书的主编纪大师瑞喜兄。1983年，高中毕业的纪瑞喜到汕头技工学校厨师班学习烹饪技艺，后来到当时很著名的国际大酒店工作，一边工作一边偷师学习潮菜烹饪和酒店管理。后来，他辞职出来与朋友合伙办饭店。1994年，他创办了自己的建业酒家。在汕头，龙湖沟畔的建业酒家几乎无人不知。纪大师瑞喜兄爱思考，爱琢磨，对40年来的潮菜烹饪和30年来建业酒家的经营管理有一套成熟的经验。这本《潮菜名菜》介绍的就是他自己琢磨出来的几十个名菜。如果您家庭生活费已经实现开销自由，可以到潮菜酒家照书点菜，尝一尝、品一品；如果生活费还需加严格管控，也可以把这书当菜谱，回家依样画葫芦，自个儿买来食材，学习做菜。

《潮菜名店》的作者是林大师大川兄，他是"岭东潮菜文化研究院"的院长。大川兄经营酒家几十年了，年轻时从家乡澄海学厨艺、当厨师、办酒家开始，后来去了泰国普吉岛等地办潮菜馆。他走遍中国港澳地区和东南亚各国，见识了世界各国、各地的潮菜（中国菜）馆。最后又回到了原点——汕头来经营潮菜酒家。他一边经营着酒店，一边整理记录着往日见过的那些有特色的各国、各地的潮菜酒家，就成为现在这本《潮菜名店》了。有机会的话，读者可以按图索骥，去这些酒家尝一尝，看看大川兄所记录的是否属实。当然，相信有些好菜馆大川兄可能还未及亲自去品尝、考察过，遗珠之憾，一定会有，有待大川兄今后进一步补遗拾缺。

《工夫茶》的作者张大师燕忠兄是汕头市潮汕工夫茶研究所所长，2010年从华南农业大学茶学专业硕士毕业后，就一直从事工夫茶的经营和研究工作，至今也10多年了，是工夫茶界的后起之秀。由他来写《工夫茶》一书，是最合适的了。为什么潮菜丛书里会有一本工夫茶的书呢？这就要从潮菜与工夫茶的关系谈起了。潮汕人"食桌"（吃宴席），上桌前先喝足工夫茶，可以看作是"开胃茶"；席间还得穿插上两三道工夫茶，是为了解腻助餐；酒足饭饱之后，还要再换上一泡新茶叶，喝上三巡再撤，是为消饮保健。所以，中档以上的潮州菜馆，每一间包厢里都布置了工夫茶座。

《潮菜文艺》的作者是杜奋。小杜是中文系硕士，长于网络搜索技术及文字书写。从韩愈的《初南食贻元十八协律》算起，跟潮菜有关系的诗文、书画如韩江里的鱼虾，很多很多。文艺范的食客吃了潮菜，赞不绝口，大都会留下诗文或书画，一抒胸臆。把这些诗文、书画"淘"出来，并不容易，幸亏小杜的网络技术了得，才使这些赋予潮菜文化品位的宝贝得以集中起来，与读者见面。读者可以一边品尝潮菜，一边翻阅这本书，看看名家是如何品评潮菜的，与你的"食后感"是否一样。

潮菜，是我一辈子的挚爱！美食家蔡澜用潮语"抉舌"俩字赞美潮菜，是说潮菜被人"呵啰（夸奖）到抉舌"，是啧啧称赞的意思。我也是一样，说起潮菜来，便喋喋不休，一不小心就写了七八千字。我自己还曾经受邀担任过一套潮菜全书的编委会主任，想为潮菜文化做点事，但由于协调能力有限、力不从心，遂致半途而废。现在的这套潮菜丛书的编委会主任李总裁闻海兄才高八斗，且人脉广泛、江湖地位高，其尺八一吹，应者云集。丛书作者们在他的领导和敦促下，日以继夜，终于成稿。自己未尽的心愿，终于有人完成，我当然乐见其成。遂作此文，以为祝贺！

是为序。

甲辰酷暑于花城南村

# 目 录

序

犹记得2021年6月，著名学者、教育家杨方笙教授在潮菜专题讲座的一开场，就特意提到冼玉清教授对潮汕美食的夸赞："烹调味尽东南美，最是工夫茶与汤。"毕生研究岭南文化的冼玉清教授曾这样赞誉潮汕美食的至高境界，其中的"最是工夫茶与汤"点出了工夫茶在潮菜中的重要地位，"席间跟配工夫茶"是潮汕筵席独有而别处所无的，成为潮菜文化的一大亮点。

　　潮汕工夫茶，又称潮州工夫茶，被誉为"中国古代茶文化的活化石"，始自明代，保留着唐宋遗风，是中国工夫茶的最古老型种遗存，是源于广东省潮汕地区，选用乌龙茶为主的精制茗茶和小壶小杯器具搭配，以多次冲泡出汤分饮为特色的茶叶冲泡品饮文化，是集潮汕风土气息、茶饮特色、地域生活与礼仪表达为一体的综合性茶饮文化体系。潮汕工夫茶也是联合国教科文组织人类非遗名录"中国传统制茶技艺及其相关习俗"的重要组成部分。

　　潮汕的工夫茶是潮汕人的生活密码，是潮汕文化表征之一，是潮汕人的日常，也是潮汕人的哲理。如何更好地把工夫茶文化传播到五湖四海，让工夫茶成为连接海内外侨胞的桥梁，需要我们把工夫茶文化的内容系统化、标准化。

　　本书为了让内容更加客观、更加科学，编撰人员从多个层面收集历史资料，走访茶区和茶界前辈，深入考究，较全面地梳理了潮汕工夫茶的发展演变过程，从择器、择水、择茶、茶艺、精神、茶配、茶俗趣闻等方面进行编写，其中"潮汕区域特色茶品""潮汕名泉""茶配"这三部分可以为茶友们提供更多的用茶、用水、茶配资源参考。"工夫茶的冲泡技法与茶艺程式"这一章在诸多茶界前辈展示的基础上，结合茶艺学的科学知识进行总结创新，推出更雅致实用的工夫茶冲泡技法，图文并茂，读者可以更好地模仿学习。

全书由张燕忠、杨伟琼、纪炜燕负责材料收集及撰写，书中图片主要由杨伟琼负责拍摄，同时摄影家韩荣华老师提供了部分历史老照片和摄影作品。感谢汕头大学陈志民教授在茶器研究上提供了重要资料，感谢韩韵斋主人蔡海平老师提供部分茶器供拍摄使用，感谢青年学者丁烁老师提供部分工夫茶历史研究的参考资料。书中部分内容引用或引述茶界同仁的研究成果，涉及引用部分均以参考文献形式标注。

淡中有味茶偏好，清茗一杯情更真。由于时间仓促和编者的学养水平，难免有错漏之处，恳请大家批评指正！

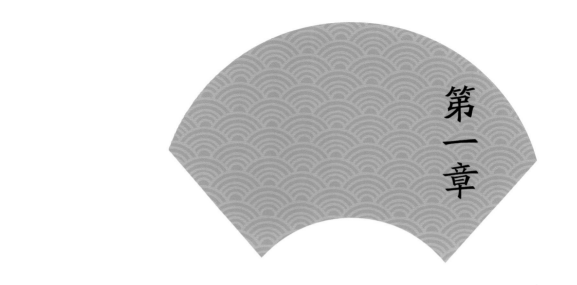

第一章

潮汕茶文化的
古往今来

2018年汕头国际马拉松赛结束之后，有位网友在微博转发了一张照片并表示"在朋友圈看到的，汕头马拉松，笑死我了"。图片中一位潮汕女士带着工夫茶具，在马路边泡茶给经过的参赛运动员品饮，画面自然而生动。后经证实，照片中的泡茶为市民自发行为。

汕头马拉松的工夫茶"补给"（黄碧珠摄）

可能对于不了解潮汕的外地朋友来说，这画面有点不可思议，甚至有点滑稽：在马拉松运动中原本应该出现的是冰爽饮料，却被一杯滚烫的工夫茶抢走了风头。但是作为潮汕本地人，我们对这位女士的行为反而会倍感欣赏，因为在潮汕，喝工夫茶是市民每天必不可少的一种生活方式；我们以茶会友，用工夫茶表达对参赛运动员的热烈欢迎，独具潮汕特色，是一种真情流露。

这张照片引起了很多人对"工夫茶"的关注，中国茶叶流通协会也在微博转发并点评："你永远无法阻止嗜茶如命的潮汕人喝茶。我想这就是广东成为我国茶叶消费第一大省的原因！"古人有云："开门七件事——柴米油盐酱醋茶。"在潮汕地区却变成"茶米油盐酱醋柴"，茶从第七位上升到第一位，可见茶在潮汕人心目中的重要位置。潮汕人将茶叶称为"茶米"，就是把茶看成米一样重要。

## 一、唐宋时期潮汕茶事考证

中华民族用茶历史久远，至少可以追溯到商周时期，距今已有3000多年历史，是全世界最早发现茶、最懂得用茶、最精于品茶的民族。中华茶艺成熟则始于唐代，陆羽撰写《茶经》名篇，为茶道旷世经典。在陕西法门寺地宫中出土有一套完整的皇家鎏金银器茶具，配备精良，造型及纹饰极为华美，见证了盛唐茶道诸法已具备。

唐宋时期民间茶事则多用陶器，将烹茗陶壶称之为"急须"，可视为中国烹茶器最早明确的名称，有出土文物与文献可考，日本茶道至今仍有引用此名称。（关于"急须"名称举证引自：中国社科院文学所研究员杨之水所著《古诗文名物新证》）。北宋黄裳《龙凤茶寄照觉禅师》有诗句云："寄向仙庐引飞瀑，一簇蝇声急须腹。"其下自注曰："急须，东南之茶器。"又其《谢人惠茶器并茶》也有句"遽命长须烹且煎，一簇蝇声急须吐"。"急须"即是形容短流之侧设有横长直柄的陶壶，在唐代长沙窑制品中较常见。或有在横柄上作"龙上"二字者，也似铫子，"上加踞龙为攀"之意。长柄有隔热功效，苏轼"龙头拒火柄尤寒"诗句，赞的是长柄不会烫手之功用。汕头大学长江艺术与设计学院陈志民教授在民间进行田野调查考察及采集到的潮汕古陶瓷，发现唐代的梅县水车窑与潮州北关窑，均出土或"出水"有相类似造型的青釉长柄壶，在梅县采集到的青釉长柄汤壶，壶把由大至小如长角状，弧线流畅，个性张扬，握手感甚佳，非常符合现代人体工学，角状长柄为其他窑口所罕见，堪称唐代典型的"东南之茶器"。

陆羽在《茶经》"四之器"条目的论述中，对唐代各瓷窑烧制的"茶瓯"进行了评判，认为"越州上"，因为它"类冰"而益茶。这种审美价值趋向几乎影响了唐代所有的制瓷业。由此，全国南方大多数窑场烧制的瓷器大都以釉色"千峰翠色"为追求的最高境界。唐代梅县水车窑与潮州窑所制青瓷"茶瓯"亦追随越窑秘色，不重纹饰。此类青瓷"茶瓯"造型为斗笠型，玉璧底、葵口四出棱，大小不一，釉面开细纹片，玻璃质感极强，温润似玉。近20年来因建筑用沙所需，采沙船在韩江"搭沙"时捞出甚多，大小不一，口径大多在14厘米左右。

韩江"出水"的唐代越窑青釉茶盏（陈志民藏）　韩江"出水"的唐代水车窑青釉茶碗（陈志民藏）

韩江"出水"的五代越窑青釉莲花盏托（陈志民藏）

　　韩江"出水"的器物中，还经常发现有唐代越窑的斗笠型玉璧底茶盏，有时甚至成叠捞起。韩江出水有唐代越窑瓜棱壶一把，造型饱满秀美，内外满釉，平底支钉烧，釉为秘色，惜残，但是长柄很完整，在"搭沙"时没有被磕伤，柄为长方形中空，钻有对孔，应为镶木柄所预留。查阅出版权威资料，此壶造型在存世越窑文物收录图版中，还尚未发现比它更为完整的镶柄汤壶，它为我们提供了唐代镶柄壶式的另一形制，因而极为难得。另外还采集有五代越窑的莲花盏托，仿金银器造型，五花口，莲花托雕刻及针刻忍冬花纹饰都极为精美，堪称古代茶器中的极品。唐代越窑茶艺器皿在韩江"出水"时多有发现，可见，被誉为"东南茶器"之首的越窑器，不但曾经对唐代潮人的饮茶风尚产生了深刻影响，同时也折射出它在粤东的陶瓷生产技术发展与陶瓷海外贸易渊源方面都有着密切的关联。

　　陈志民的研究器物，清晰地反映了潮人饮茶用器的流变与饮茶风尚，充分佐证了前人论及"潮汕工夫茶道"源流"本诸陆羽《茶经》"之说。遗存于韩江流域大量古代"东南之茶器"被发现，可见"漳潮"之地，早在唐宋时期已有茶事盛行，茶艺源远流长。

在潮州市金山南麓，残留着一处宋代摩崖石刻，刻着北宋大中祥符五年（1012年）知州王汉的《金城山诗》，其中有"茶灶香龛平"的句子。茶灶是烹茶煮水用的火炉，这是现在可以见到的潮州茶事的最早记录。

潮州八贤之一的张夔在《和徐璋送举人韵》诗中写道："燕阑欢伯呼酪奴，鸾旌风吹光寒儒。"（见《潮州三阳图志辑稿·卷之四·艺文志》）"酪奴"是茶的别称，诗写酒宴之后进茶助兴。张夔是北宋政和七年（1117年）进士，由此可见潮汕地区在北宋时期已有宴席间饮茶的场景。

元代《三阳图志》："产茶之地出税固宜，无茶之地何缘纳税？潮之为郡，无采茶之户，无贩茶之商，其课钞每责于办盐主首而代纳焉。有司者万一知此，能不思所以革其弊乎？"据此我们可知，直至元代，潮汕地区还没有大宗的茶叶生产和茶叶贸易。

## 二、明清民国时期潮汕饮茶风尚

至明代，潮汕饮茶已渐次成风，并较多见诸文字记载。

明正统年间，潮阳教谕周泰《治平寺》诗云"僧童煮茗烧红叶，游客题诗扫绿苔"（载顺治《潮州府志·卷十一》）。

嘉靖十一年（1532年），状元林大钦《斋夜诗》云"扫叶烹茶坐复行，孤吟照月又三更。城中车马如流水，不及秋斋一夜情"（载《东莆先生文集·第五卷》）。

嘉靖四十五年（1566年）《重刻五色潮泉插科增入诗词北曲勾栏荔

镜记》中的《梳妆意懒》唱词有句"安排扫厝点茶汤"，对白中有"端椅坐；讨茶食""人客，茶请你""师父钟茶待你"等句。《闺房寻女》有句"不见益春点茶汤"，万历《重补摘锦潮调金花女大全》《借银往京》有句："讨茶来食。"可见明代潮州民间茶事已经十分普及，这与宋末、元代福建人移民潮州，带入茶籽、种茶技术和饮茶风俗应有密切关系。

清代乾隆嘉庆以来，闽台粤东的茶人在饮茶的实践中，摸索出一种能够充分显示乌龙茶类醇香特色的小壶小杯、热汤厚味的品饮形式，谓之"食工夫茶"。最先把"工夫茶"作为一种品茶程式的名称载诸文献的，是俞蛟的《梦厂杂著·潮嘉风月·工夫茶》。俞蛟是浙江山阴人，乾隆五十八年（1793年）至嘉庆五年（1800年）任广东兴宁典史。

光绪十年（1884年），江都张心泰来粤，著《粤游小志》写道："潮郡尤尚工夫茶，有大焙、小焙、小种、名种、奇种、乌龙等名色，大抵色香味三者兼全。以鼎臣制胡桃大之宜兴壶，若深制寸许之杯，用榄核炭煎汤，乍沸泡如蟹眼时，以之瀹茗，味尤香美。甚有酷嗜破产者。"可见光绪时品饮工夫茶在潮汕已经开始成为习尚。

清末民初文学家徐珂在《清稗类钞·饮食类·邱子明嗜工夫茶》中写道："闽中盛行工夫茶，粤东亦有之。盖闽之汀、漳、泉，粤之潮，凡四府也。烹治之法，本诸陆羽《茶经》，而器具更精。"而后其撰《可言》卷十三（1924年）说："工夫茶，潮州所尚。"享有"中国近代第一旅行家"之称的蒋叔南在《蒋叔南游记》第一集（1921年）中记载："武夷之茶，性温味浓，极其消食，盛行于广东。而以潮州人最为嗜之。潮州卑湿，饮之最宜。"从以上资料我们可见因为喝茶的消食祛湿功效，工夫茶在潮汕地区已经非常盛行。

第二节
现代潮汕人为什么喝茶

## 一、茶起源于中国，盛行于世界

中国是茶的故乡，也是茶文化的发祥地，中华茶文化源远流长。如今茶成为全球最大众化、最受欢迎、最有益于身心健康的饮品。世界上2/3的人口与茶结缘，茶及茶文化是中华民族的瑰宝，更是全人类的物质财富和精神财富。

### （一）贵州茶籽化石

1980年7月13日，贵州省晴隆县农业局卢其明等在位于晴隆县与普安县交界的云头大山的一次科考行动中，发现了茶籽化石一枚。经中国科学院南京古生物研究所等部门专家反复鉴

茶籽化石

定，确定为距今100多万年的四球茶茶籽化石，是迄今为止世界唯一的茶籽化石。该化石的发现，印证了"世界之茶，源于中国，中国之茶，源于云贵"之说。

## （二）余姚田螺山人工种植茶树根遗存

余姚田螺山遗址是全国第七批重点文物保护单位，它的考古发掘成果一直引人关注。2004年至2011年的宁波余姚河姆渡文化田螺山遗址考古发掘中，出土了山茶属茶种植物的树根遗存。经浙江省文物考古研究所和中国农业科学院茶叶研究所专家多年的综合分析和多家专业检测机构鉴定，在田螺山遗址发现的山茶属树根是迄今为止中国境内考古发现的最早人工种植茶树的遗存。

巴达1700年古茶树

这一发现，把中国境内开始种植茶树的历史由过去认为的距今约3000年，上推到了6000年。也就是说，余姚田螺山是迄今为止考古发现的我国最早人工种植茶树的地方。

## （三）云贵川野生大茶树

茶圣陆羽《茶经》中写道："茶者，南方之嘉木也。一尺、二尺乃至数十尺；其巴山峡川，有两人合抱者，伐而掇之……"说明我国拥有各种类型的茶树品种，在川东鄂西一带有"两人合抱"的大茶树。吴觉农主编的《茶经述评》记载："又据湖南农学院陈兴琰教授报道：1961年，在勐海县巴达公社的大黑山密林中，海拔约1500米处，发现一棵树高32.12米

（前几年，树的上部已被大风吹断，现高14.7米），胸围2.9米的野生大茶树。这棵茶树单株存在，树龄约1700年，周围都是其他参天的古木。"

目前所发现的山茶科植物共有23属，380余种；中国拥有15属，260余种，且大部分分布在云南、贵州和四川一带。已发现的山茶属有100多种，云贵高原就有60多种，其中以茶树种占最重要的地位。从植物学的角度来说，许多属的起源中心在某一个地区集中，即表明该地区是这一植物区系的发源中心。山茶科、山茶属植物在我国西南地区的高度集中，说明了我国西南地区就是山茶属植物的发源中心，当属茶的发源地。

植物学家认为，某种物种变异最多的地方，就是该物种起源的中心地。我国西南地区群山起伏，河谷纵横交错，地形变化多端，以致形成许许多多的小地貌区和小气候区，低纬度和海拔高低悬殊，导致气候差异大，使原来生长在这里的茶树，慢慢分置在热带、亚热带和温带不同的气候中，从而导致茶树种内变异，发展成了热带型和亚热带型的大叶种和中叶种茶树，以及温带的中叶种及小叶种茶树。西南三省是我国茶树变异最多、资源最丰富的地方，当是茶树起源的中心地。

茶树在其系统发育的历史长河中，总是趋于不断进化之中。因此，凡是原始型茶树比较集中的地区，当属茶树的原产地。我国西南三省及其毗邻地区的野生大茶树，具有原始茶树的形态特征和生化特性，也证明了我国的西南地区是茶树原产地的中心地带。


## （四）"茶"字的译音源于中国

中国是世界上最早发现和利用茶树的国家。世界各国在历史时期并不产茶，所饮之茶都是先后直接或间接从中国引进。各国语言中与茶相关的文字都是我国"茶"字的译音。

茶叶之路主要是通过广东和福建这两个省份传播于世界各地的。广东粤语体系的人把茶念为"CHA"，而福建闽南语系的人又把茶念为"TE"。广东的"CHA"经陆地传到东欧，而福建的"TE"是经海路传到西欧的。

茶在潮汕发音为"TE"，因为潮州方言（即潮州话、潮汕话）是汉语言八大方言之一的闽南方言次方言，所以与源于福建的"茶"字发音相符是合理的。

| 由陆地传播的"CHA之路" | 由海上传播的"TE之路" |
|---|---|
| 广东 * cha 北京 * cha 日本 cha | 福建 * te 马来西亚 the 斯里兰卡 they |
| 蒙古 chai 土耳其 chay 希腊 te-ai | 法国 the 荷兰 thee 印度 tey |
| 波兰 chai 阿拉伯国家 chay 葡萄牙 cha | 英国 tea 德国 tee 意大利 te |
| 伊朗 cha 俄罗斯 chai 西藏 * ja | 丹麦 te 印度尼西亚 teh 西班牙 te |

标 * 为中国国内地区

## （五）中国茶园面积和茶叶年产量世界第一

中国是世界第一茶业大国，在茶园面积及茶叶年产量等方面稳居世界第一。2023年，全国茶园面积5149.76万亩，全国已开采茶园面积4650.16万亩，全国干毛茶总产量333.95万吨。

## （六）茶盛行于世界

2019年11月27日，联合国大会第74届会议将每年5月21日确定为国际茶日。这是我国首次成功推动设立的农业领域国际性节日，彰显了世界各国对中国茶文化的认可。2020年，中国政府成功举办了首个"国际茶日"系列庆祝活动，中国国家领导人专致贺信，向全世界茶叶生产经营者及广

2021年国际茶日汕头区域活动（潮南区红场镇）

大饮茶爱茶者致以节日的祝贺和良好的祝愿，并表示作为茶叶生产和消费大国，中国愿同各方一道，推动全球茶产业的持续健康发展，深化茶文化的交融互鉴，让更多的人知茶、爱茶，共品茶香茶韵，共享美好生活。

### （七）世界各国皆有饮茶习俗

据统计全世界有160多个国家和地区、超过30亿人饮茶，人均年茶叶消费量为500多克。2022年全球茶叶产量639.7万吨，全球茶叶出口总量182.7万吨；超过10亿人从事与茶相关的工作，30个国家和地区能够稳定地出口茶叶。世界各国的种茶和饮茶习俗，最早都是直接或间接从中国传播去的；古老的中国传统茶文化同各国的历史、文化、经济及人文相结合，演变成英国茶文化、日本茶文化、韩国茶文化、俄罗斯茶文化及摩洛哥茶文化等。

当今世界各国、各民族的饮茶风俗，都因本民族的传统、地域民情和生活方式的不同而各有所异，然而"客来敬茶"却是古今中外的共同礼俗。

# 二、人类非遗，文化自信

2022年11月29日，中国申报的"中国传统制茶技艺及其相关习俗"在摩洛哥拉巴特召开的联合国教科文组织保护非物质文化遗产政府间委员会第17届常会上通过评审，被列入联合国教科文组织人类非物质文化遗产代表作名录。

"中国传统制茶技艺及其相关习俗"是有关茶园管理、茶叶采摘、茶的手工制作，以及茶的饮用和分享的知识、技艺和实践。该项目共涉及15个省（区、市）的44个国家级非遗代表性项目，涵盖各大茶类的传统制茶技艺及相关习俗，"潮州工夫茶艺"作为重要组成部分参与其中。

茶文化元素让世界看见中华文化的和而不同、美美与共。茶叙外交已成为我国外交沟通的一大亮点，彰显了中国的文化自信。中国国家领导人在众多外交场合都以茶会友，以茶论道，在弘扬中华优秀传统文化的同时，生动地阐释了中国主张。

## ◎ "茶与酒"的文明对话

翁辉东的《潮州茶经·工夫茶》开篇就提到："人类嗜茶，殆与酒同，以为饮料，几遍世界。"茶与酒一样，受到全世界人民的喜欢；两者都有着悠久的历史，通过不断传承和发展，逐渐形成了独特的文化魅力和风格。中国国家领导人曾在论述中国与欧洲的关系时，以"茶、酒"为喻，倡导文明多彩共生、强调文明交流互鉴。

"中国是东方文明的重要代表，欧洲则是西方文明的发祥地。正如中国人喜欢茶而比利时人喜爱啤酒一样，茶的含蓄内敛和酒的热烈奔放代表了品味生命、解读世界的两种不同方式。但是，茶和酒并不是不可兼容的，既可以酒逢知己千杯少，也可以品茶品味品人生。中国主张'和而不同'，而欧盟强调'多元一体'。中欧要共同努力，促进人类各种文明之花竞相绽放。"

显然，茶和酒是文化的不同表达，和而不同与多元一体则是文明哲理的不同切入，都在以不同方式展现人类文化的多样以及世界文明的多彩。中国国家领导人通过"茶酒论"，让茶与酒的对话因交流互鉴而更加默契，因民心相通而更加融洽。

"中国茶"入选人类非遗和国家领导人的"茶叙"外交，再次证明了中国茶文化的独特魅力和世界影响力，体现了中华文明对人类文化多样性的重要贡献，彰显了我们中国的文化自信。

# 三、饮茶健康

大量的科学研究表明，饮茶对于人体健康大有好处。别以为茶叶就一片小小的叶子，里面有多达500多种化学成分，包含多酚类及其衍生物、生物碱、氨基酸、茶多糖、有机酸、维生素、色素、芳香物质以及矿物质成分等，它们不仅为形成茶叶特有的色、香、味、形作出了贡献，也对人体健康有重要作用。

唐代大医学家陈藏器在《本草拾遗》一书中说："诸药为各病之药，茶为万病之药……"喝茶有利于健康是我国人民早已认识到的基本知识，如喝茶有明目、利尿、消肿、抗菌消炎等多种功能。中国首位茶界院士陈宗懋说过："饮茶一分钟能够解渴，饮茶一小时令人放松，饮茶一个月使人健康，饮茶一生令人长寿。"茶不仅仅是古人的生活，也是现代人的生活。现代医学和茶叶生化研究也表明，茶叶中含有丰富的保健成分，具有良好的保健功效。

### （一）止渴生津，消食解腻

自古以来，茶因饱满生津的口感和消食解腻的作用而备受推崇。这是因为茶汤中的化学成分，如多酚类、糖类、果胶和氨基酸等物质与口中唾液发生化学反应，产生清凉感，起到明显的止渴效果。而在古代文献《本草拾遗》中也有记载，茶可以"解油腻牛羊毒"，饮茶可以"去人脂，久食令人瘦"；清代汪庵《本草备要》中也有记载"茶有解酒食、油腻、烧炙之毒，利大小便"。随着国家富强、人民生活水平的显著提高，脂肪肝发病率迅速上升，不但肥胖成为现代人烦恼的话题，脂肪肝也成为人们最关心的健康问题之一。而乌龙茶富含单宁酸、茶多酚、植物碱等活性物质，这三种成分都可以消食去腻，对缓解脂肪肝有一定效果。生活中我们丰餐盛宴后，往往饮上几杯茶，便可以刺激内分泌激素产生和促进体内热量代谢，激活中枢神经系统活性，正好解决了现代人所担忧的健康问题，符合现代人所推崇的健康理念。

### （二）提神醒脑，消除疲劳

茶叶能提神益思，这是因为茶叶中含有对人体中枢系统具有刺激作用的咖啡因，能起到提神醒脑的兴奋作用，既能刺激中枢神经系统，清醒头脑，帮助思维，又能加快血液循环，缓解疲劳，所以适当地饮茶能够使人保持头脑清醒和集中注意力。同时乌龙茶中含有茶氨酸，它是一种能够起到镇静作用的神经松弛剂，镇静安神、平和身心，在促进身体中少量乳酸排出体外时，消除疲劳。

### （三）清新口气，防治龋齿

宋代苏轼《东坡杂记》中记载了一则他自己的实践经验："吾有一法，常自珍之，每食已，辄以浓茶漱口，烦腻既去而脾胃不知。凡肉之在齿间者，得茶浸漱之，乃消缩，不觉脱去，不烦刺挑也，而齿便漱濯，缘此渐坚密，蠹病自已，率皆用中下茶……"提及"饭后漱口有助于洁齿除臭"；元代李治撰《敬斋古今注》称"茶能使牙齿固利"；明清更是记载"茶能坚齿、涤齿颊"……这是因为茶中含有较多的氟化物和咖啡碱。氟具有防龋齿、坚骨的作用；咖啡碱可兴奋中枢神经，清涤口腔中的油腻之物，茶叶中含有多种芳香物质，这些物质也能有效消除口中腥、臭等气味，起到清新口气之功效。同时茶叶中含有的多种多酚类物质能够有效抑制齿垢酵素产生；维生素C具有治疗齿出血，防治由于缺乏维生素所导致的龋齿；叶酸能治疗由于叶酸缺乏导致的齿龈炎症。综合诸多功效无一不表明饮茶或以茶汤漱口，可以防止齿垢和蛀牙的发生。

### （四）改善肤质，延缓衰老

实验数据显示，在人体内有一种能够成功分解活性氧的酵素SOD，这种酵素是保持健康和美容养颜不可或缺的物质。而凤凰单丛中含有的多酚类物质具有和SOD同样的功能，可以促进提高SOD消除活性氧的功能，同时乌龙茶能够有效提高皮肤角质层的保水能力，可以尝试用泡过的茶叶外敷眼睛，能减轻黑眼圈并有助于消除眼袋。平时人们冲泡饮用乌龙茶，也能吸收多种天然活性成分，增强人体内超氧化物歧化酶的活性，从而清除身体内自由基，减少身体内氧化反应发生，保持人体年轻健康的状态，延缓多种衰老症状发生。

## （五）提高免疫，预防突变

茶叶中的茶多酚类物质和维生素，能够阻断致癌物质的亚硝基化合物在体内合成，具有直接杀伤癌细胞和提高机体免疫能力的功效。茶多酚还能阻挡紫外线并清除紫外线诱导的自由基，抑制黑色素的形成，起到保护机体的作用。众多报道显示乌龙茶对一些广谱化学致癌物、黄曲霉毒素和亚硝基化合物等的致癌、致突变均有明显的抑制作用。

广东潮汕地区群众广泛饮用工夫茶，曾被疑为当地食管癌高发的祸首之一。汕头大学医学院副研究员李克等专家的调查表明饮用工夫茶并不是食管癌发生的原因。李克在英国《癌症杂志》2002年第三期发表文章指出，1997年以来，研究者对潮汕地区四所主要医院收治并经临床确认的1284名食管癌病人进行了饮食和生活习惯对照调查。结果发现，饮工夫茶者的食管癌危险度均低于不饮者，居民工夫茶消费量越大，食管癌发生越少。研究者还发现，饮用工夫茶降低了饮酒者患食管癌的危险度。

## （六）杀菌消炎，醒酒解毒

我国古代劳动人民常将茶树上的鲜叶捣烂用以敷涂伤口，防止发炎；日常生活中也常看到人们被蚊虫叮咬时总会用冲泡后的茶叶敷抹在叮咬处，起到止痒效果。这是因为茶叶中的多酚类物质具有杀菌消炎作用。现在缺医少药的山区农村，还保留浓茶汁洗涤伤口的习惯。

除有效杀菌消炎外，饮酒后喝淡茶还能起到一定的醒酒效果。古书中就有关于喝茶醒酒的记载。《广雅》中写道："饼茶捣末，置瓷器中，以汤浇覆之，用葱、姜、橘子芼之。其饮醒酒，令人不眠。"《答白乐天书》中提及"六班茶二囊以醒酒"，《吃茶养生记》中也记载"饮茶少眠、醒酒、提神、解乏、利尿"……诸多记载均表明喝茶可以醒酒，但这里需要明确，茶可以醒酒，但不能作为常年饮酒过后解酒之用，以免让人对茶的功效产生误解。李时珍在《本草纲目》中作了明确的表述："酒后饮茶伤肾，腰腿坠重，膀胱冷痛，兼患痰饮水肿，消渴挛痛之疾。"由此得知酒后饮茶会加速利尿作用，使酒精中有毒的醛尚未分解就从肾脏排出，对肾脏有较大的刺激性。同时酒精对心血管有很大的刺激性，浓茶中的咖啡碱同样有兴奋神经中枢的作用，两者相结合会加重心脏负担，因此"酒后饮浓茶解酒"的说法是行不通的。但茶叶中的茶多酚具有较强的抗氧化作用，可以清除掉乙醛脱氢酶催化乙醛氧化时产生的大量自由基，加快酒精代谢，饮酒之后喝淡茶反而可以补充水分，起到利尿作用，具有一定的醒酒功能。因此，酒后喝茶情况下需用淡茶醒酒，反之对身体不利。

## 四、工夫茶产业蓬勃发展

2020年9月，由中国广播影视出版社出版的《工夫茶文化》正式发行，对于工夫茶文化研究和传承推广有重要的推动作用。主编为广东省原省长卢瑞华同志，他认为：工夫茶文化不仅是属于潮人的，也是属于世界的；工夫茶文化所包含的"精行俭德"之审美体验，有助于理解中华优秀传统文化之精髓，也有助于营造时代的"和合精神气候"。工夫茶文化传承的"守正创新"，继承并融合了传统的"和合"文化，有利于中国从产茶大国向产茶强国迈进，有助于乡村振兴工作。

2020年元旦，潮州市潮安区凤凰镇的潮州凤凰单丛茶博物馆建成启

潮州凤凰单丛茶博物馆

用，游客可在潮州工夫茶体验馆了解、学习潮州工夫茶文化的知识。2022年，凤凰镇加快了建设凤凰山脉茶旅文化走廊，发展壮大单丛茶优质产业群，规范"茶叶产业与茶文化保护、弘扬基地"的用地开发控制和城市规划管理。同时，茶行业对凤凰山拥有的得天独厚的自然、生态、文化资源进行大力开发，推动种植和加工环节与旅游结合，强化旅游功能，推动茶园与观光旅游融合发展。将茶生产活动与旅游业进行系统性融合，与高山茶园相匹配，开发茶园参观、旅游度假、氧吧康养、休闲垂钓等业态，培育新发展途径。

2022年5月，潮州市举办"国际茶日"中国主场活动暨潮州工夫茶大会。牌坊街内设置"潮·工夫茶宴"，每桌茶席上都有席主为茶客冲泡不同品种的凤凰单丛；韩文公祠举办的"围炉观茶·工夫雅集"主题活动，茶客三五成席，相互交流制茶、品茗的经验。通过多种体验活动，促使茶文化与文化旅游产业相结合，创建文旅融合发展新典范，成为助推工夫

工夫茶宴

少儿茶艺体验活动

茶文化传承、经济发展的重要力量。

随着工夫茶文化培训的开展，茶文化相关人员的数量逐步增加，工夫茶文化得以快速发展。在潮汕地区文化旅游产业中融入工夫茶的元素，可以给游客带来全新的旅游体验。

2022年广东省茶园面积133.9万亩，产量13.95万吨，干毛茶产值156.8亿元。其中梅州市茶园面积32.95万亩，产量2.77万吨，单丛茶约占50%。据潮州市农业农村局统计，2022年潮州市茶园面积23.5万亩，产量2.8万吨，产值72亿元。

2023年，中国国际茶文化研究会授予了潮州"世界工夫茶文化之乡"称号，这也让潮汕地区在弘扬茶文化、做大茶产业方面迎来了一个新的起点。

随着工夫茶文化产业的蓬勃发展，越来越多的年轻人关注并尝试接触工夫茶、学习工夫茶，因为他们也很认同那么一句话"潮汕，是一个不喝茶就交不到朋友的地方"。

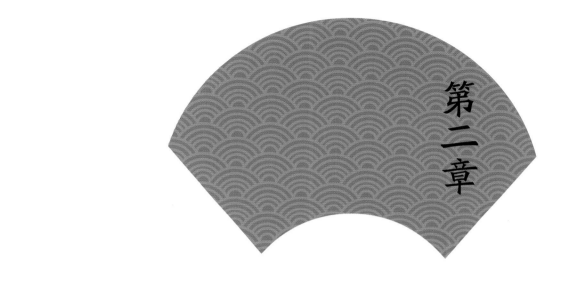

# 第二章

# 工夫茶是什么

茶友们经常会碰到一个问题，到底是"工夫茶"还是"功夫茶"？哪个使用更准确？我们从两个方面可以来解析。

### （一）潮汕发音的区别

实际上，只要懂得潮汕话，就能比较好区别出正确的文字写法。潮汕话发音，工为"gang¹"，功为"gong¹"，而普通话的"gōng fū chá"对应的潮汕话为"gang¹ hu¹ dê⁵"，所以用"工"字更为准确。

### （二）字面含义的区别

《说文解字》写道："工，巧饰也，象人有规矩也。""功，以劳定国也。"徐锴注曰："为巧必遵守规矩、法度，然后为工。"段玉裁注曰："凡善事其事曰工。"《尔雅》云："绩，勋；功也。"可见"工"和"功"的原始意义有很大的区别，不可混用。汕头大学文学与文化学隗芾教授的解释更为通俗易懂，他认为"功夫"多指体能方面的修炼，如"中国功夫""少林功夫"之类。工夫茶中，以三指滚杯，动作娴熟而不怕烫，"功夫"的确了得。但品茶，毕竟不是练手上功夫，更多的倒是注重心灵的修炼，故以"功夫"名之不妥。"工夫"，在潮汕话中是圆满、周到的意思。故有潮谚曰："合得主人意，才是好工夫。"所以"工夫茶"在文字应用中更为准确。

工夫茶的地域属性应该是"潮汕"还是"潮州"？这是近些年潮汕文化圈所争论的话题，类似问题还出现在戏剧、器乐、潮菜等领域。2008年6月，"潮州工夫茶艺"入选第二批广东省级非物质文化遗产名录，同时入选第二批国家级非物质文化遗产名录；2009年12月，"汕头工夫茶艺""揭阳工夫茶艺"入选第三批广东省级非物质文化遗产名录。对于并不了解潮汕历史的文化局外人，甚至年轻一辈的局内人，他们不免对"潮汕工夫茶""潮州工夫茶""汕头工夫茶"和"揭阳工夫茶"这几个名词产生疑惑，到底哪个是对的？它们有什么区别？这在某种程度上对工夫茶文化的传播推广带来了一些麻烦。

## 一、"潮汕"与"潮州"的地域概念

隋开皇十一年（591年）在义安郡设置潮州，这是潮州作为行政区名称的开始。明清时期潮州府管辖的最大地域范围包括11县（海阳、潮阳、揭阳、程乡、饶平、惠来、大埔、澄海、普宁、平远、镇平县）1厅（南澳厅），相当于今天的潮汕地区和梅州一部分地区。在汕头市成为本地区最发达城市之前，潮州一直是本地区的行政中心。

清咸丰九年十二月初九（1860年1月1日），汕头开埠后，港口经济发展，使汕头逐渐成为本地区的政治、经济、文化中心。民国十年（1921年）汕头设市政厅，与澄海县分治。民国十九年（1930年）9月，汕头市政厅改为汕头市政府建制，隶属广东省政府。本地区行政中心逐渐从潮州府城转移到汕头市区，故潮州的地域概念逐渐改为潮汕。

潮汕在今天属地域概念。"潮汕"一词首见于清光绪九年（1883年）海关文档；清光绪三十二年（1906年）建成潮州至汕头的铁路称"潮汕铁路"，通过报道，"潮汕"一词得以广泛传播；民国二十二年（1933年）上海申报社出版的《中华民国新地图》已标注"潮汕方言地区"字样；民国三十二年（1943年）翁辉东著有《潮汕方言》一书，"潮汕"一词更加深入人心。"潮汕"也曾经短暂时间（1949年—1952年）作为行政区划的名称，这是"潮汕"这个提法的由来。

潮汕地区行政区划几经演变，分合多次，直至1991年起至今潮汕地区行政区划为汕头、揭阳、潮州三个地级市并立。

时至今日，在海外的华侨华人们仍以"潮州会馆""潮州商会""八邑会馆"等作为联络场所。这个"潮州"的概念，便是"潮州府"概念、广义的"潮汕"概念、"潮汕方言区"概念，与今天的行政地级市"潮州市"在地域范围上不能等同。


## 二、"潮汕"与"潮州"概念的学术应用

在学术方面，著名潮学研究专家杨方笙教授在《潮汕歌谣》中提出："'潮州'代表了这一地区很长很长一段历史，而'潮汕'既可以代表过

去又可以延伸到当代。"隗芾、林伦伦等潮学专家认为：文化学上所说的"潮州"，是个历史的地域概念，而不是今天的行政概念。其含义应该和现代所说的"潮汕"相同。"潮汕"是历史上的潮州后期的称呼。为了避免与现在行政区划的"潮州"相混淆，用"潮汕"更为妥当。

综上所述，从古潮州府到今天的潮汕，在地域上是紧密相连的，在文化上也是一脉相承的。我们的工夫茶不管是叫作"潮汕工夫茶"还是"潮州工夫茶"，其传承并推广的文化内容是同根同源的。潮汕工夫茶，也即潮州工夫茶；潮汕工夫茶是潮州工夫茶的现代名称而已。

## 一、早期以"茶名"呈现

工夫茶的名称，最早出现在文献上可追溯至清雍正年间。雍正十二年（1734年），福建崇安县令陆廷灿在他所著的《续茶经》中引用《随见录》内容："武夷茶在山上者为岩茶，水边者为洲茶。岩茶为上，洲茶次之。岩茶北山者为上，南山者次之。两山又以所产之岩为名，其最佳者，名曰'工夫茶'。工夫之上，又有'小种'，则以树为名，每株不过数两，不可多得。"也就是说只有岩茶制作精良者才能被称为"工夫茶"，从那时候开始，人们在喝工夫茶的时候，对茶品也有了更高的要求。

清乾隆十八年（1753年），刘靖的《片刻馀闲集》也谈到："岩茶中最高者曰老树小种，次则小种，次则小种工夫，次则工夫花香，次则茗香……"

清光绪十二年（1886年），郭柏苍在《闽产录异》卷一中载："当时岩中所产之品'奇种'，为最佳之品；次为'名种'，为'小种'；稍次者为'次香'此茶有加入栀子花；再次者为'拣焙'；最粗者统为'岩片'。还有取嫩芽，以指头入锅逐叶卷之，成形干燥，名'工夫茶'，价昂。"郭柏苍对工夫茶制作有了更为详细的记述。

## 二、从"茶名"演变为"品茶程式"

清代乾隆嘉庆以来，闽台粤东的茶人在饮茶的实践中，摸索出一种能够充分显示乌龙茶类醇香特色的小壶小杯、热汤厚味的品饮形式，谓之"食工夫茶"。于是，工夫茶也就慢慢地由茶名演变为单丛茶的一种品饮程式的指称。

最早文字记载工夫茶泡法的是清乾隆三十一年（1766年）永安知县彭安斗，他在《闽琐记》中记载："地炉活火，烹茗相待。盏绝小，仅供一啜，然甫下咽，即沁透心脾，叩之，乃真武夷也！"这里"小壶小杯喝乌龙茶"的生动描述正是工夫茶品茶程式的雏形。

清代美食家袁枚在《随园食单》中记载：乾隆五十一年（1786年），"余游武夷到曼亭峰、天游寺诸处。僧道争以茶献。杯小如胡桃，壶小如香橼，每斟无一两。上口不忍遽咽。先嗅其香，再试其味，徐徐咀嚼而体贴之，果然清香扑鼻，舌有余甘。一杯以后，再试一二杯，令人释躁平矜，怡情悦性"，也可见小壶小杯品饮，茶汤浓醇回甘的品工夫茶场景。

而最早把"工夫茶"作为一种品茶程式并和潮汕地区联系在一起的文字记载始见于清代嘉庆六年（1801年）俞蛟所著《梦厂杂著·卷十·潮嘉风月·工夫茶》，距今也有220多年的历史了。

清人丘逢甲在《潮州春思》中写道："曲院春风啜茗天，竹炉榄炭

《梦厂杂著·卷十·潮嘉风月·工夫茶》原文：

"工夫茶，烹治之法，本诸陆羽《茶经》，而器具更为精致。炉形如截筒，高约一尺二三寸，以细白泥为之。壶出宜兴窑者最佳，圆体扁腹，努咀曲柄，大者可受斗升许。杯盘则花瓷居多，内外写山水人物，极工致，类非近代物，然无款识，制自何年，不能考也。炉及壶盘各一，唯杯之数，则视客之多寡。杯小而盘如满月。此外尚有瓦铛、棕垫、纸扇、竹夹，制皆朴雅。壶盘与杯旧而佳者，贵如拱璧，寻常舟中不易得也。先将泉水贮铛，用细炭煎至初沸，投闽茶于壶内冲之，盖定，复遍浇其上，然后斟而呷之，气味芳烈，较嚼梅花更为清绝，非拇战轰饮者得领其风味。余见万花主人，于程江月儿舟中题《吃茶诗》云：'宴罢归来月满阑，褪衣独坐兴阑珊。左家娇女风流甚，为我除烦煮凤团。小鼎繁声逗泉响，逢窗夜静话联蝉。一杯细啜清于雪，不羡蒙山活火煎。'蜀茶久不至矣。今舟中所尚都惟武夷，极佳者每斤白锒二枚。六篷船中食用之奢，可想见焉。"

手亲煎。小砂壶瀹新鹪觜，来试湖山处女泉。"此诗记叙了春日烹煮潮汕工夫茶的一系列器材道具，包括烹茶的用具竹炉和小砂壶，煮水用的榄核炭，茶叶用鹪觜茶，水用西湖山处女泉。

# 三、"工夫茶"成为一种饮茶风尚

潮汕民间有以茶待客的习俗，茶成为日常家居必备的饮品。潮汕著名学者黄挺教授认为至迟在明代中期以后，潮剧《荔镜记》和《苏六娘》都有潮汕民间的茶事呈现。

清光绪十年（1884年），江都张心泰的《粤游小志》，其中写道："潮郡尤尚工夫茶，有大焙、小焙、小种、名种、奇种、乌龙等名色，大抵色香味三者兼全。以鼎臣制胡桃大之宜兴壶，若深制寸许之杯，用榄核炭煎汤，乍沸泡如蟹眼时，以之瀹茗，味尤香美。甚有酷嗜破产者。"其中有详细的茶品、工夫茶具和烹法描述，由此可见品饮工夫茶已经成为光绪时期潮汕人的生活习俗。

翁辉东1957年出版的《潮州茶经：工夫茶》，是第一本对潮州工夫茶进行系统性研究并阐述的书籍。其中有"……其最叹服者，即为工夫茶之表现。他们说潮人习尚风雅，举措高超……往昔曾过全国产茶之区，如龙井、武夷、祁门、六安，视其风俗，远不及潮人风雅，屡有可爱的潮州之叹……惟我潮人，独擅烹制，用茶良瘢，争奢夺豪，酿成'工夫茶'三字。驰骋于域中，尤为特别中之特别"。这也说明了"工夫茶"不再只是一种茶名或者一种冲泡方法，它已形成一种生活习尚，一种民俗文化。

## 一、"工夫茶"是一种茶叶冲泡技巧

2008年6月，"潮州工夫茶艺"入选第二批国家级非物质文化遗产名录。这让工夫茶文化受到更多人的关注，大家普遍认为"工夫茶"就是一种茶叶冲泡技艺，"小壶小杯""一壶三杯""品字形""关公巡城、韩信点兵"等是工夫茶冲泡的要求和特征。在中国非物质文化遗产网对"潮州工夫茶艺"的介绍显示："潮州工夫茶艺是流传于广东省潮汕地区的一种茶叶冲泡技艺……潮州工夫茶的冲泡有其一定的程式。"2011年，广东省地方标准DB44/T 872–2011《潮汕工夫茶》发布实施，标准中给出的概念是："潮汕工夫茶是指流传于潮汕地区一带的以乌龙茶为主要用茶，以精致配套的泡茶器具，遵照独特讲究程式的一种茶叶冲泡和品饮方式。具有'和、敬、精、洁、思'的文化精神。"

由此可见，大部分人是把"潮汕工夫茶"等同于"潮汕工夫茶艺"，日常生活中所陈述的"冲工夫茶"就是指茶叶冲泡技巧。

## 二、"工夫茶"是一种传统饮食文化习俗

1979年版《辞源》给出的定义："工夫茶是广东潮州地方品茶的一种风尚，其烹治方法本于唐陆羽《茶经》。细白泥炉，形如截筒……见清俞蛟《潮嘉风月记》。也作'功夫茶'。"作为一种饮茶习尚，工夫茶深入民心。人们常常会说"有闲来食工夫茶"，这里的"食工夫茶"已经不仅仅是冲泡工夫茶，而是享受工夫茶的生活方式，形成了一种饮食文化。

2015年，潮州市潮州菜联盟标准Q/CZCC 101.1-2015《潮州工夫茶冲泡技术规程》发布，这里对"潮州工夫茶"的定义是："选用单丛茶类和特定材质的冲泡器具及其配套材料，有着独特考究烹泡程式，具有'和、敬、精、乐'的精神内涵。自明代以来，它是流传并保存于潮州府中心区域及其周边地区和海内外潮人日常生活中不可或缺的一种传统饮食文化习俗。"可以说，从清嘉庆张心泰《粤游小记》的陈述开始，潮汕工夫茶被理解为一种传统饮食文化习俗广受认可。

## 三、"工夫茶"是一种有特定品质的茶叶

在潮汕，当你问泡茶者在喝什么茶时，有些人可能会告诉你他在喝"工夫茶"。这就会让人很尴尬，"工夫茶"到底是什么茶呢？有些人可能会说"潮汕工夫茶就是凤凰单丛茶"，这样的说法某种程度上对于促进本地单丛茶的推广销售是有一定帮助的，但是这与历史资料、潮汕地域饮茶特点不完全相符。

据清康熙二十六年（1687年）饶平县知事刘抃纂修《饶平县志》载："粤中旧无茶，所给皆闽产，稍有贾人入南都，则携一二松萝至，然非大

姓不敢购也。"另有清光绪二十九年（1903年）二月的《岭南日报》上曾刊载《茶商赴闽》一文，里面有对茶叶贸易情况的明确记载："潮郡茶商，每值二月，则联合商帮往福建武夷办茶。其所办之茶，一为莲心，专销暹罗、安南等处，约值五六十万；一为工夫茶，如名种、奇种及种合之类，则销售本地，约值二三十万。"而翁辉东的《潮州茶经·工夫茶》里记载："潮人所嗜，在产区则为武夷、安溪，在泡制法则为绿茶、焙茶，在品种则为奇种、铁观音。"这印证了工夫茶的用茶主要来源于福建，其品质的特点是制作精良或经过烘焙。

凤凰单丛一开始并不在工夫茶的目录范围之内，民国时期的《潮州府志》认为本地"土茶皆苦而不香"，人们更喜欢精制加工过的"城茶"。在形成一些茶行老字号后，焙茶师技术娴熟，技艺上精益求精，本地单丛茶也得以和武夷岩茶、安溪铁观音一起纳入精制乌龙茶范畴。国家级非物质文化遗产项目潮州工夫茶艺省级传承人叶汉钟认为："潮州工夫茶"应该指清末流传并保存于潮州中心区域及其周边地方（包括闽南）的中国工夫茶（乌龙茶）精制加工工艺和冲泡方法的合称（合成体系）。邱捷认为潮汕工夫茶的精制技术与别致的器具、滚烫的水温、有序的冲泡方法等构成了真正意义上的潮汕工夫茶。

经过实地调研，我们发现潮汕地区在饮茶习惯上各有不同，其中汕头市潮阳区、潮南区以武夷岩茶为主，日常消耗量惊人；汕头市濠江区喜欢重焙火的铁观音；揭阳市的揭西县和揭东县部分区域则喜欢本地炒茶；汕头市区、澄海区，潮州市和揭阳市区，日常消费还是以本地特产单丛茶为主。虽然这些茶种类不同，但是我们发现它们有共同的特征：色深浓酽，性温和不伤胃，适合长时间品饮。正是精制加工过的茶叶特有的品质，才能满足潮汕"大把茶叶塞满壶"的饮茶习惯。

上述资料和历史事实告诉我们：不同历史时期，工夫茶的名称和内涵是一个不断发展，逐步清晰化的文化进化过程。历史上的潮汕工夫茶有狭义和广义之分。

（1）狭义：潮汕工夫茶是一种茶或一种茶叶冲泡和品饮方式。作为一种茶，即经过潮汕茶叶精制加工技术制作而成的优质乌龙茶，如单丛茶、武夷岩茶、铁观音等；作为一种茶叶冲泡和品饮方式，即一壶（或盖碗）三杯的茶叶冲泡程式，采用特定材质的冲泡器具及其配套材料，有着独特考究的冲泡技法。

（2）广义：潮汕工夫茶是一种生活方式，是源于潮汕地区而广泛应用于海内外潮汕人的日常传统饮食文化习俗；善于选用精制茗茶和特定材质的冲泡器具；有着独特考究的冲泡程式；是融冲泡技艺、精神、地域文化礼仪为一体的民俗生活方式。

历史时期的潮汕工夫茶含义具有多元性和变化性，近十几年来，潮汕工夫茶作为非物质文化遗产项目，具有鲜明的时代特征和强大的文化生命力。与时俱进，对现代"潮汕工夫茶"进行明确的界定，将有益于非遗文化的"潮汕工夫茶"的传承和发展。潮汕工夫茶被誉为"中国古代茶文化的活化石"，仍保留着唐宋时期的遗风，是中国工夫茶的最古老型种遗存。相较于日本茶道，潮汕工夫茶的文化内涵有过之无不及。潮汕工夫茶在不断的形成、发展过程中逐渐形成了自己独有的潮汕特色风格和内涵，把喝茶从日常的物质生活升华到精神文化层面，成为一项集艺术性、社交性、礼仪性于一体的综合性文化体系。

为了适应时代的发展需求，更好地诠释潮汕工夫茶文化内涵，促进潮汕工夫茶文化的科学传承与全面发展，综合历史资料和社会调研成果，我们提炼归纳并总结出新时代的潮汕工夫茶概念：

潮汕工夫茶，又称潮州工夫茶，是源于广东省潮汕地区，选用乌龙茶为主的精制茗茶和小壶小杯器具搭配，以多次冲泡出汤分饮为特色的茶叶冲泡品饮文化，是集潮汕风土气息、茶饮特色、地域生活与礼仪表达为一体的综合性茶饮文化体系，也是中国非物质文化传承的优秀代表。

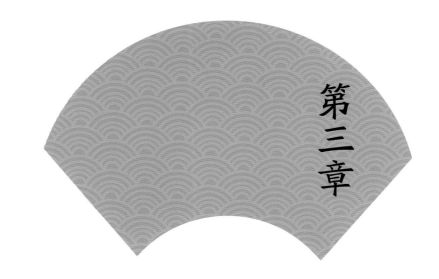

第三章

工夫茶之择器

茶界历来有"水为茶之母，器为茶之父"的说法。没有水的"培育"，没有"器"的包容，茶便无法实现从一片叶子到一杯好茶的"蜕变"。一泡好茶，就像是茶、水、器的相遇、相识、相知，是茶性、水性和器性的相恋、相许、相守。不同品质的水，遇上不同品质的器，造就了每一泡茶的独特呈现，成全了每一缕香气的弥漫，每一口滋味的充盈。

"工欲善其事，必先利其器"，要想泡好一杯茶，选择合适的茶具以及恰当的使用方法尤为重要。在《茶经》卷中《四之器》里，"茶圣"陆羽详细介绍了煮饮茶的全部器具，计25组29种，涉及生火、煮茶、取茶、盛取水、饮用、清洁和陈设等多方面用途，大者厚重如风炉、小者轻微如拂末，无一不备。

在卷下《九之略》中，陆羽先是列举了在野寺山园和瞰泉临涧等饮茶环境下可以省略不用的煮饮茶用具，尔后又以"但城邑之中，王公之门，二十四器阙一，则茶废矣"这样缺一不可的表述，强调了只有完整使用全套茶具，体味其中存在的思想轨范，茶道才能存而不废。章内前后强烈的对比反差，让人无论对于在山林野外可省略器具，还是在城市家中应如何备足全套，都留下了深刻的印象。

千百年来，中国茶器具历经从无到有、从混用到专用、从粗糙到精致、从单件到成体系的过程，才具备了如今独特的实用价值；同时，在中国陶瓷等器具制作的千百年发展中，茶器具又具备了特殊的美学价值与收藏价值。工夫茶也不例外。潮汕工夫茶的冲泡方法属于瓯冲杯饮的散茶撮泡法，也就是成形于明朝的瀹饮法。经过几百年的发展，精致的、专用的、完整成套的潮汕工夫茶器具独树一帜，成为潮汕工夫茶的重要标志之一，也是潮汕工夫茶文化的物质载体之一，具有其独特的实用性和艺术性。

关于潮汕工夫茶器具的精致，目前为止发现的最早的文字记载是清代浙江人俞蛟的《梦厂杂著·潮嘉风月》："工夫茶，烹治之法，本诸陆羽《茶经》，而器具更为精致。"《潮嘉风月》采用小说的形式，专记广东潮州、嘉应的妓女狎客轶事，是他在出任兴宁县典史期间据亲历及耳闻目睹者辑录而成。其中关于工夫茶的文段仅仅两三百字，便让韩江流域有关"吃茶"的民俗风情跃然纸上，也使得清朝年间潮汕工夫茶器具的精致能够在两百多年后仍然清晰地展现在人们眼前。

关于潮汕人对工夫茶器具的讲究，著名的近代潮籍学者翁辉东在其所著的《潮州茶经·工夫茶》中不惜笔墨作了详尽的介绍："工夫茶之特别处，不在茶之本质，而在于其在茶具器皿之配备精良，以及闲情逸致之烹制。"有多精良呢？他在文中开列并逐一介绍了茶壶、盖瓯、茶杯、茶洗、茶盘、茶垫、水瓶、水钵、龙缸、红泥火炉、砂铫、羽扇、铜箸、茶罐锡盒、茶巾、竹箸、茶桌、茶担等18种潮汕人家常备的茶具器皿，总结道："'工夫茶'具，已尽于此，饮茶之家，必须一一毕具，方可称为'工夫'；否则牛饮止渴，工夫茶云乎哉。"同时他也提到："云溪友议云：'陆羽所造茶器，凡廿四事。'茶具讲究，自古已然，然此只系个人行为，高人逸士，每据为诗料，难言普遍。潮人所用茶具，大体相同。不过以家资有无，精粗有别而已。"由此可见，普通潮汕人家的工夫茶器具会因家产不同而有做工精细程度的区别，但潮汕人对工夫茶器具使用的考究程度是一样的。择器对于工夫茶来说至关重要，不同的茶具材质、造型和功能都会影响到茶的口感和品质，甚至还会影响到品茶者的心情和体验。

传统潮汕工夫茶器具虽有18件套之多，但现实生活中潮汕人冲泡工夫茶普遍用到、必不可少的茶具，无外乎煮水的锅、生火的炉、泡茶的壶、饮茶的杯。它们组合在一起，便是工夫茶"四宝"：砂铫、泥炉、茶壶（或盖瓯）、茶杯。

## 一、砂铫

砂铫

砂铫，传统的潮汕工夫茶煮水器具，是用含砂陶泥制成的水壶，位列工夫茶"四宝"之首，雅称"玉书碨"，俗称"茶锅仔""薄锅仔"。其形制古朴庄重，圆体扁腹，嘴小流短，底部平阔，重二三两；具长柄，便于拿握和不被烫到。以潮州潮安枫溪所产的最为著名。砂铫一般容积为250—500ml，可泡二至三巡茶，水量适中，既不会太少以至于每巡茶都要等水煮开，又不会过多而导致水温变凉。耐冷热骤变性能强，储热性能佳。

## （一）"玉书碨"的由来

著名茶学专家、中国工程院院士陈宗懋主编的《中国茶叶大辞典》中，"玉书茶碨"词条对"玉书"有两种解释："一是水壶设计制造者的名字；二是壶出水时宛如玉液输出，故称'玉输'，因'输'字不吉，取谐音为'玉书'。"关于第一种解释，相传旧时一位叫玉书的枫溪老艺人所制作的砂铫最为出名，所以后人尊称其"碨"是"玉书碨"。关于第二种解释，坊间流传的说法就显得更为有鼻子有眼了。相传古时有位制陶匠人制作出砂铫后，一时想不出给它命什么名，便请来三五茶友相助。众人见经其烹煮后倒出的水清澈明亮，宛如玉液输出，就取名为"玉输"。又因"输"字不吉利，便用谐音"书"字替代，取名为"玉书"。至于"碨"，《中国茶叶大辞典》中指出"闽南、粤东和台湾省人称陶瓷质水壶为'碨'"。

汕头大学陈志民教授在《论潮汕"工夫茶四宝"》提到一把韩江出水的砂铫，"呈浅米黄色细砂陶质地，造型精巧秀美，失盖、惜残。壶肩上贴有'玉书'款书卷浮雕押花印记，流与长柄呈90度角"，并指出该砂铫上的"浮雕书卷押花'玉书'印款设计，应当是冠名的由来"。

壶肩上贴有"玉书"款识的砂铫（据陈志民《论潮汕"工夫茶四宝"》）

陈志民从民间收集到的另一把壶肩贴书卷款的红陶砂铫，印款为"揭阳锡西"。这也说明了砂铫款识的普遍存在："玉书"与"孟臣""若深珍藏"一样，作为器物的款识而被普遍认同，久而久之，"玉书碨"成为通用名。

壶肩上贴有"揭阳锡西"款识的砂铫（陈志民藏）

关于"玉书碨"的来历，究竟哪种说法更准确还有待考证。但不可否认的是，这么一个充满书卷气的雅号，不仅体现了古人雅致的审美情趣，更体现了潮汕人传统的崇文意识。

## （二）砂铫的选料及特点

清末学者震钧（辛亥革命后改姓名为唐晏）在其著作《天咫偶闻·卷八》录有其《茶说》，其中对砂铫的特点作了详细的阐释："器之要者，以铫居首，然最难得佳者。古人用石铫，今不可得，且亦不适用。盖铫以薄为贵，所以速其沸也，石铫必不能薄。今人用铜铫，腥涩难耐。盖铫以洁为主，所以全其味也，铜铫必不能洁。瓷铫又不禁火，而砂铫尚焉。今粤东白泥铫，小口瓮腹极佳。"诚然，石制的铫壁厚，不能满足铫器"薄"的要求；铜制的铫味有腥涩，不能满足铫器"洁"的要求；瓷制的铫不耐明火；唯有白陶泥制成的铫，壁薄如纸，煮出的水轻柔味甘无土气。后来，翁辉东在《潮州茶经·工夫茶》中对砂铫的概括也佐证了它的过人之处："沙泉清冽，故铫必砂制。枫溪名手所作，轻巧可喜。或用铜铫、锡铫、轻铁者，终不免生金属气味，不可用。"

陈志民教授在其文章《论潮汕"工夫茶四宝"》中对砂铫"成为工夫茶道煮水用器首选"的原因作了全面的分析："水开沸时蟹眼泉涌动，因蒸汽上顶而产生的跳盖和'卜、卜、卜'声响，有绝妙的视觉与听觉效果，更若隐于林泉之野逸，取古韵之意趣……关键在于它煮水不附带异味，与炭火直接接触，导热性能与透气性能绝佳，且能保持甘泉原汤风韵。"因砂铫的盖子极为轻巧，水煮开时，蒸汽冲击盖子轻轻跳动并发出阵阵清脆悦耳的声响，有"水沸会叫人"的趣味。更为重要的是，砂铫具有多气孔的特质，透气性良好，能软化水质，煮出来的水甘甜柔软。

马来西亚华裔茶人姚斌奕在其文章《功夫茶之砂铫》中对砂铫的选料及其特点有进一步的阐释："砂铫在潮汕有三矿两色之别：一者枫溪红泥，深层田土制；二者潮阳白泥，高岭土制；三者诸色山矿，石土制。而此三者最大的共同之处便是多种矿石混生，内壁不甚绵密，所谓'水挂砂则甜、水过石则甘'，它是经科学论证的。"选用多种矿石混生的泥料制成的砂铫，具有丰富的成分组合，有吸附水中钙、镁离子从而达到净化水质的功能，因此给了茶叶析出更多内含物质、呈现更佳特性的空间。

## （三）如何挑选砂铫？

除了材质选料，铫器的工艺制式和细节设计同样会决定其品质高低。姚斌奕参考潮州陶艺大师吴大林及工艺美术师黄树藩的手艺经验和心得，总结了好的砂铫的特点。

第一，铫盖应制成轻薄的扁身，这样水沸腾时铫盖才跳得起来，开阖之际腾发出响声提醒茶客。

第二，铫盖盖纽应做成片状，上部弧度稍偏一侧，方便茶客拿起铫盖时避开出气孔释放的蒸汽。

第三，侧把手柄应捏成中空，由衔接部分到末端手持部分应呈圆锥状，或尾部应呈圈形隆起状，这样才能防止导热烫手，同时确保茶客拿握舒适。

第四，底部应呈内陷弧形面，这样才利于热能穿透，提高水煮沸保嫩的效率。

第五，铫嘴无论是直流、弯流还是歪流的形制，衔接部分一律应开阔，这样才助于控制水流顺遂，保证出水利落、断水无痕。

第六，特指穿心铫，其与普通砂铫最大的不同就是铫底的中心内凹，中空呈管状，形成一根烟道，贯穿铫身并略高出铫盖面。明朝茶学者许次纾在其专著《茶疏》就曾阐释道："铫中必穿其心，令透火气，沸速则鲜隔风逸，沸迟则老熟昏钝，兼有汤气。"这一科学的设计使火苗得以往上蹿，增加砂铫的受热面积，使水能够更快煮沸，保持鲜活，可谓"活火烹活水"的生动演绎。

穿心铫

# 二、泥炉

红泥火炉

　　泥炉，传统的潮汕工夫茶煮水器具，是用红、白泥调砂（石英砂或河砂）烧制而成的小风炉，以木炭作燃料，炉身开有小窗，可以通过调节风量来掌握火力大小，又称"炭炉""风炉""风炉仔""小火炉"。与砂铫配套，成为工夫茶"四宝"里的最佳搭档，合称"风炉薄锅仔"。按照《中国茶叶大辞典》"茶炉"词条里的分类，潮汕泥炉按使用燃料分应属于炭炉，按制作材料分则属于泥瓦炉。

　　正如来自中国茶叶博物馆的李竹雨和赵丹在《茶炉考》中所言："在中国茶文化的历史演进中，炉作为加热器具，因为功能的不可替代性，一直活跃于历代茶事活动中，但茶炉的形态、材质或者被茶人所赋予的精神寓意，在不同的历史时期有着不同的印记。"潮汕工夫茶里陶泥茶炉的使用，亦体现着独特的地域特征和强烈的时代风格。

翁辉东《潮州茶经·工夫茶》云："红泥小火炉，古用以温酒，潮人则用以煮茶。"爱茶也爱酒的白居易的诗里有："绿蚁新醅酒，红泥小火炉。晚来天欲雪，能饮一杯无？"泥炉曾是温酒的器具。在"群以饮茶相夸尚"的潮汕人手里，泥炉则是烹制工夫茶的绝佳要器，具有耐高温、省燃料及通风性能好的特点。

### （一）不同历史时期泥炉的文化特性

"茶圣"陆羽在其著述的《茶经》中设计了成套茶具专门用于茶事，开茶史之先河。在这成套茶具中，茶炉可谓此中之重器。陆羽称之为"风炉"，列于卷中《四之器》之首。"风炉以铜铁铸之，如古鼎形，厚三分，缘阔九分，令六分虚中，致其杇墁。凡三足，古文书……其三足之间，设三窗。底一窗以为通飙漏烬之所。……置墆㙮于其内，设三格……其饰，以连葩、垂蔓、曲水、方文之类。其炉，或锻铁为之，或运泥为之。其灰承，作三足铁柈台之。"陆羽以大幅的笔墨，对茶炉的材质使用和形制设计等方面进行了详尽的描述。在茶器具千年的传承发展中，"风炉"的名称被保留了下来。

唐宋两朝，茶利大兴，茶道大行，茶业大展，茶文化空前繁荣兴盛。从皇帝高官到平民百姓，从文人墨客到武士将军，无不喜茶乐饮。其时的文学、书法、绘画创作中，因此涌现出大量提及茶事、咏赞茶的作品，李白、杜甫、白居易、韩愈、柳宗元、苏轼、陆游等大家都有作品留世。丰富而鲜活的千古佳句让我们得以从中窥见旧时人们的饮茶方式和所用器具。在唐朝白居易笔下，作为茶事用具的泥炉多次入诗。《新亭病后独坐招李侍郎公垂》中的"趁暖泥茶灶，防寒夹竹篱"，《偶吟二首》里的"晴教晒药泥茶灶，闲看科松洗竹林"，《睡后茶兴忆杨同州》的"此处置绳床，傍边洗茶器。白瓷瓯甚洁，红炉炭方炽"，不一而足。

在宋人的吟咏中，泥炉更是"携眷"登场：前有苏轼《试院煎茶》里的"且学公家作茗饮，砖炉石铫行相随"，后有张抡《诉衷情·闲中一盏建溪茶》里的"闲中一盏建溪茶。香嫩雨前芽。砖炉最宜石铫，装点野人家"，再有自号"茶山居士"的曾几《啜建溪新茗李文授有二绝句次韵》里的"未到舌根先一笑，风炉石鼎雨来声"，及其学生陆游《冬晴与子坦子聿游湖上六首之三》里的"会挈风炉并石鼎，桃枝竹里试茶杯"。

大量宋朝诗词表明，砖炉（或风炉）与石铫（或石鼎）可谓宋时茶事所必需之器具，故咏者两器并举。同时在这部分诗词中，人们经常可以瞥见建溪茶的身影。建溪茶，因产于福建建溪流域而得名，是古代的闽北茶概念，亦即武夷岩茶的"前世"。由此，宋朝文人用雅致的文字为我们勾勒出一幅早期工夫茶艺雏形的形象画图。

明清时期，制茶工艺和茶叶形态相较于前朝均有极大的变化，人们的饮茶方式和茶器具也随之发生变革。茶炉这一器具受到了前所未有的关注和重视，在潮汕地区更是有所创新和发展。伴随着乌龙茶的出现和潮汕工夫茶具的进一步完善，泥炉在工夫茶器具的"江湖地位"得到巩固，逐渐成为工夫茶"四宝"之一。清朝初期的潮汕泥炉已颇有名气。明末清初与屈大均、梁佩兰合称"岭南三大家"的诗人陈恭尹在其所作咏潮州茶具的五律《茶灶》中就盛赞道："白灶青铛子，潮州来者精。洁宜居近坐，小亦利随行。"白灶，即白泥制成的小风炉。青铛子，即青色瓦铛，亦即砂铫。产于潮州府的此两者，精致实用，洁净小巧，便于携带。能博得岭南名家的赞誉，可见其受人喜爱的程度。

如此出众的泥炉，在俞蛟的《潮嘉风月》中自然也占有一席之地："炉形如截筒，高约一尺二三寸，以细白泥为之。"在俞蛟的描述中，当时工夫茶的茶炉为截筒式，高约一尺二三寸，用细白泥烧制而成。李竹雨和赵丹《茶炉考》一文中，就提到了在目前打捞完整文物最多的"泰兴"号沉船出水的器物中，有一件潮汕白泥风炉，筒形身，平底，前开长方形风口，炉面成三个小山峰状，可以平稳放置砂铫。

随着人们审美的变化，近现代的潮汕泥炉样式又有所丰富。翁辉东《潮州茶经·工夫茶》对部分款式的泥炉形制有了进一步的介绍："红泥小火炉……高六七寸。有一种高脚炉，高二尺余，下半部有格，可盛榄核炭。通风束火，作业甚便。"常见的红泥炉高六七寸。炉形款式多样，除了陆羽《茶经》提到的鼎形，俞蛟《潮嘉风月》提到的截筒形，还有鼓形、四方形、六角形等。有的设计为炉面有盖、风口有门，茶事完毕后将炉盖一盖、炉门一关，炉腔内的余炭便自行熄灭，下次起火时可继续作为生火材料，操作便捷高效。有的在炉身塑童子像或兽首，或加制炉名号款识，或有的在风口两侧写对联。还有一种高脚炉，高两尺多，下半部分有格子，可以盛榄核炭等生火材料；高脚的设计也利于炭与空气充分接触，使炭得以充分燃烧，产生更多的热量，一方面提高了炭的利用效率，一方面缩短了水被加热至沸腾的时间。

综合来看，这个时期的泥炉造型多样，尽管高低有别、款式各异，但设计原理和内在结构大致相同，整体通风性能好，炉腔深而小以确保炉口受热均匀，炉腔底部镂空成蜂窝状以便于燃尽的炭灰掉落。而且和陆羽设计的风炉一样，大多数泥炉的炉身装饰有书卷、花草、流水等各种传统纹样图案，这些美学的观照，无疑是潮汕人对古人热爱茶、热爱生活的一种朴素延续。

近些年来，随着电热壶和电磁炉的迅速普及，"风炉薄锅仔"这样一对"煮水利器"在潮汕老百姓的生活中渐行渐远。所幸，喜欢传统器具的爱茶人士尚有，坚守传统工艺的陶瓷艺人尚在。为了应对现代煮水器具的竞争，传统泥炉也进行了创新。在保留外观不变的前提下，新型泥炉可搭配固体酒精、酒精灯、电炉丝、远红外发热盘等，以迎合更多茶客的需求。

## （二）泥炉的造型与款识

2021年8月20日，潮州工夫茶"茶器四宝"团体标准正式发布并实施，对泥炉的产品分类和技术要求作了明确的规范，其中风炉分高炉和矮炉两种，矮炉高度12—25厘米，高炉高度25—40厘米。

被陈恭尹夸赞"潮州来者精"的泥炉，在粤东多地均有制作生产，较知名的产地有潮阳流溪（今为汕头市潮南区流溪村）、澄海后沟（今为汕头市澄海区后沟村）、饶平柘林（今为潮州市饶平县柘林镇）、潮安枫溪（今为潮州市枫溪区）、揭阳玉浦（今为揭阳市榕城区玉浦村）等。陈志民在《论潮汕"工夫茶四宝"》中认为"潮汕红泥炉首推潮阳流溪'潮盛'号所产最有特色"，风口上方以浮雕书卷图案为装饰，书卷上刻"潮盛""潮阳""流溪""瓶花"图案的阴文印，风口两侧则是一副书卷浮雕图案的藏头对联，联语为"潮语忠言炉非假货，盛情美意茶是真夷"，藏头"潮盛"二字。此种装饰形式极似潮汕传统民居门楼，有鲜明的潮汕文化特色，与"玉书碨"砂铫相配更是珠联璧合，彰显着古朴而又雅致的气质。从现存20世纪七八十年代的潮汕泥炉来看，风口两侧以对联作装饰的设计不在少数，如潮阳流溪"万盛"号所产泥炉，贴有"万捷道交炉非假货，盛情礼接茶是真夷"的书卷图案对联，藏头"万盛"二字；潮阳流溪"两合"号所制泥炉，贴有"两语忠言炉非假货，合情美意茶是真夷"

潮阳流溪"潮盛"号所产红泥炉，李炳炎藏（据陈志民《论潮汕"工夫茶四宝"》）

书卷款对联，藏头"两合"；黄氏炉，刻有"美酒邀明月，清茶迎故人"的阳文印对联；陆氏炉，刻有"泥炉炽榄核，薄锅沸清泉"的阴文印茶联；"得趣"炉，贴有"把卷豁幽襟，烹茶销万虑"书卷款对联。

在《论潮汕"工夫茶四宝"》中，陈志民还提到其采集有两款大头娃娃造型的泥炉，分别是红泥炉和白泥炉，产地尚未知晓。据其观察，该白泥炉的材质与前文所提及的玉书款白泥砂铫十分相近，据此初步判断为产自潮州

大头娃娃造型的红炉，陈志民藏（据陈志民《论潮汕"工夫茶四宝"》）

枫溪。两款娃娃炉的风口被巧妙地设计为娃娃双手捧着的金钱，娃娃盘腿而坐，形象憨态可掬。

# 三、茶壶（或盖瓯）

茶壶

潮汕工夫茶的冲泡器具大体上可以分为两类，一类是收口类的茶壶，另一类则是敞口类的盖瓯。

## （一）茶壶

茶壶是工夫茶器具里当仁不让的"主角"，也有称其"冲罐""苏罐""孟臣壶""孟臣罐""孟公壶"的，通常指用紫砂泥制成的小茶壶，以江苏宜兴紫砂壶和潮州枫溪朱泥壶为代表。潮汕工夫茶的冲泡讲究悬壶高冲，重"冲"轻"泡"，高冲可以让茶叶得到充分翻滚，有利于释放茶香，"冲罐"因此而得名。至于"苏罐"的称法，与江苏宜兴出产的紫砂壶最为名贵有关。与另外一种形制的工夫茶冲具盖瓯相比，茶壶的特点是收口，有壶嘴和壶把，壶嘴用来斟茶，壶把用来执持，壶型多样化。

茶壶按照材质可以分为陶质茶壶、瓷质茶壶、玻璃茶壶、铁质茶壶、银质茶壶、搪瓷茶壶等。紫砂是陶土的一种，广义的紫砂泥包括紫泥、红泥、绿泥、段泥等几大类，而朱泥就是红泥中的一种。紫砂壶作为中国陶制茶具中一颗璀璨的明珠，自传入潮汕地区以来，也俘获了喜茶乐饮之潮汕人的心。前有俞蛟《潮嘉风月》中对茶壶进行了简明扼要的描述，后有翁辉东在《潮州茶经·工夫茶》中用300余字着力介绍了茶壶的产地、大小、色泽、款式等器皿特点，可见茶壶在工夫茶器具中的重要性。

## 1. 孟臣壶

《潮嘉风月》云"壶出宜兴窑者最佳"，《潮州茶经·工夫茶》载"（茶壶）以江苏宜兴朱砂泥制者为佳"，无论是清朝还是近现代，相比其他产地和材质的茶壶，潮汕人更喜欢用江苏宜兴产的紫砂壶来冲泡工夫茶。这其中尤以明末清初壶艺名家惠孟臣所制的小壶最受青睐，所以后人用"孟臣壶（或孟臣罐）"泛指壶型小巧的紫砂茶壶。清朝吴骞在《阳羡名陶录》中记载"（惠孟臣）不详何时人，善摹仿古器，书法亦工"，并总结其紫砂制作风格特点，"制作浑朴，笔法绝类褚遂良"。

据江南大学朱郁华教授发表于《农业考古》期刊上的文章《惠孟臣与孟臣壶》研究所得，现存标有制作年份和惠孟臣印款的茶壶，最早的为天启丁卯年（1627年），最晚的是雍正二年（1724年），前后相距近一个世纪。朱郁华分析道，"惠孟臣的创作生命决不会如此之长"，那么包括刻有"雍正二年甲辰惠孟臣元茂（制）"字样的束腰小壶在内的很多有惠孟臣印款的清朝作品，"只可能是惠孟臣后人所制。后人冒名仿造的赝品之多，时间连续之长，这在明清紫砂壶传世名作中是处于领先地位的。因此'孟臣壶'就成为紫砂名壶鉴别上最难断代的一种壶。"另据《中国茶叶大辞典》对"孟臣壶"词条的解释："孟臣壶传世品甚少，现今所用者，大多为仿制品。"事实上，清朝光绪年间曾经在赤溪直隶厅（今广东江门台山）任职的学者金武祥在其笔记就提到"潮州人茗饮喜小壶，故粤中伪造孟臣、逸公小壶触目皆是"，为反映小壶在旧时粤东、闽北、闽南、台湾地区的流行提供了有力佐证，也为我们了解潮州手拉朱泥壶的发端提供了重要线索。

陈志民藏有漳浦出土的清朝孟臣壶，"矮梨式，曲柄弯流，胎壁薄，声如金，色紫栗，梨皮细砂如满天繁星，壶底用竹刀在半干半湿胎坯上刻诗句'清风明月无人管，孟臣制'，书法潇洒，烧成后流畅的行草笔法挤压出的泥痕清晰可见"，壶壁上"沾有釉泪"，陈志民认为"无论是砂质、制式还是刻款，都与清朝早期的制壶工艺特征吻合"。

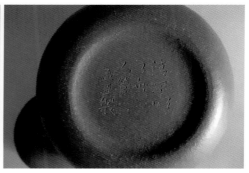

漳浦出土的清朝孟臣壶（陈志民藏）

## 2. 工夫茶的择壶标准

工夫茶择壶标准常以四字诀"小浅齐老"作为参考。

小，指的是紫砂壶的容量小。翁辉东提出茶壶有"二人罐、三人罐、四人罐之别"，选择大茶壶还是小茶壶，一般而言取决于喝茶的人数，但总的来说，"宜小不宜大"。究其原因，许多前朝文人墨客都有作品述及：宋朝诗人陆游在《晚晴至索笑亭》中描述道，"盏小聚茶香"；明朝许次纾在其著作《茶疏》中解释道，"小则香气氤氲，大则易于散漫"；其后若干年，同朝的冯可宾在其《岕茶笺》中也提到，"茶壶以小为贵……壶小则香不涣散，味不耽搁"。小容量的茶壶，更容易把茶叶散发的香气凝聚在壶中。

浅，说的是紫砂壶的壶身高度小，也就是茶壶的身筒矮。茶壶的身筒高矮同样关系到茶叶的香气和滋味。身筒矮的茶壶更"能酿味，能留香，不蓄水"，有利于释放并保留茶叶的最佳品质，茶香不涣散，茶汤不苦涩。

"三山齐"的检验方法

齐，指的是"三山齐"。翁辉东阐释道，"覆壶而口、嘴、提柄皆平，谓之三山齐"，就是把紫砂壶去盖后倒置在平面上，如果壶嘴、壶口和壶把三个部位在一个平面上，就称其为"三山齐"。

需要强调的是，"三山齐"并不是判断紫砂壶好坏的绝对标准。无论是从实用性还是从艺术性考虑，都不应该要求所有茶壶做到三山齐平。

如果壶身没有明显的壶颈，如紫砂壶的经典壶型柿子壶，这类型茶壶在安装壶嘴时，必须高于壶口3至5毫米，正好使"流"（即壶嘴）的下唇与壶口处于同一水平线上；如果强行要求壶嘴上端与壶口平齐，那么壶内水还没有装满时就已经从壶嘴自动溢出了。这样符合"三山齐"但实用性却大打折扣的壶，实际上也算不上是一把好壶。

俞国良作品：柿花

作为工艺品，除了应满足实用性这个最基本的要求，艺术性也是好的紫砂壶应该具备的。以壶艺泰斗顾景舟大师的上新桥壶为例，该壶壶身呈扁圆形，折肩，圈足，曲流，环状柄，压盖式，桥形纽。壶的盖部与肩部均以凹线、阶状分隔空间，自上而下视之，有一环扣一环之感。放飞想象的翅膀，壶盖上的桥形纽犹如水波荡漾之中的一座小桥，"上新桥壶"或由此得名。该壶造型优雅端庄，新颖脱俗，精巧绝伦，可以说达到了紫砂壶造型上"形"与"意"的完美结合。在江苏和信2015年秋季艺术品拍卖会上，其以1300万元的天价落槌，加上佣金，最终成交价高达1456万元。从图像可以看到，没有满足所谓的"三山齐"，丝毫不妨碍上新桥壶成为一代传世经典。

一言以蔽之，运用"三山齐"的标准来衡量水平壶、仿古壶、龙蛋壶等传统的圆形紫砂壶确实是可取的，而当碰到一些造型特殊的壶型，这个判断标准是否适用则需要再斟酌。

"小浅齐老"的"老"，指的是使用时

顾景舟作品：上新桥壶

间长。由于紫砂材质的双重气孔结构，紫砂壶具有透气不透水的特点。一般来说，紫砂壶使用的时间越长，泡茶的次数越多，吸收的茶香越重，积聚的茶味越多。不少爱壶的茶人都有"一壶一茶"的养壶习惯，就是一个紫砂壶永远只冲泡一种茶叶。这样即使不加茶叶，只是以沸水注入空壶，也能闻到淡淡的茶香。明朝周高起的著作《阳羡茗壶系》是世界上第一部有关紫砂壶研究的专著，其中就有"壶入用久，涤拭日加，自发闇然之光，入手可鉴"的论述，说的是用了很久的紫砂壶，器身会因经常的冲淋、抚摸和擦拭，色泽越发光润古雅。

### 3. 紫砂壶的泥料与壶型

紫砂壶的色泽有多种，"朱砂、古铁、栗色、紫泥、石黄、天青"，不一而足。这个与紫砂泥原料的分类和配比有关。前面提过，紫砂泥可以分为紫泥、绿泥、红泥和段泥等，由于不同泥原料的不同配比，烧制后就会形成不同的壶色。前有周高起《阳羡茗壶系》"上有银沙闪点，迨砜砂和制毂绉周身珠粒隐隐，更自夺目"，后有翁辉东《潮州茶经·工夫茶》"间有银沙闪烁者，乃以钢砂和制之，硃粒累累，俗谓之柚皮砂，更为珍贵，价同拱璧，所谓沙土与黄金争价，即指此也"，都是指调砂工艺的紫砂壶，指在泥料中掺入一定量的细熟砂粒调和，反复揉搓、捶练，使之均匀分布。用调过砂的泥料制成的紫砂壶，表面会出现隐隐的颗粒，作闪烁状，有的像梨皮，有的像柚皮，有的像桂花，颇具独特的美感。因其不可多得，价格更是可与黄金争高低。

紫砂壶的造型丰富，款式多样，精致娇美，如翁老先生所述："有小如蜜柑者，有瓜形、柿形、菱形、鼓形、梅花形，又有六角形、栗子、圆珠、莲子、冠桥等。式样精美，巧妙玲珑，饶有风趣。"

## （二）盖瓯

纯白瓷盖瓯

　　盖瓯，潮汕以外的地区通常称其为"盖碗"。由瓯盖、瓯身和瓯托3个部分组成。瓯盖置于顶部，上喻天，天盖之；瓯身呈倒钟形，置于中部，中喻人，人育之；瓯托俗称"茶船"，置于底部，下喻地，地载之。盖瓯因此又被称为"三才碗"或"三才杯"，有"天地人和"之意。和茶壶一样，盖瓯按照材质可以分为陶制盖瓯、瓷质盖瓯、玻璃盖瓯、金属盖瓯等。这当中，数白瓷盖瓯为最佳。其最大优点就是不夺香、不吸味，能最大限度地保留所冲泡茶叶的香气，还原茶汤的滋味。工夫茶所用盖瓯以纯白色为主，有些则绘以简洁精美的图案。

　　盖瓯在清朝宫廷剧里有相当高的出镜率。剧中角色一手端着承置了瓯身的瓯托，另一只手掀起瓯盖，半张半合间轻轻拨着水面的茶叶，尔后端到嘴边轻抿一口，甚是优雅惬意。

　　影视剧作品中角色对盖瓯的用法是盖瓯问世之初的原始用法。根据《中国茶叶大辞典》里"盖碗"词条的解释，品饮时，可揭开碗盖，先嗅其盖，闻茶香；持瓯盖撩拨漂浮在茶汤之上的茶梗、茶叶和泡沫后，再饮用；瓯托的作用是隔热便于持饮。如翁辉东在《潮州茶经·工夫茶》所载，"本为宦家各位供客自斟之器，潮人也采用之。或者客多稍忙，故以之代冲罐，为其出水快也……或因冲罐数冲之后，稍嫌味淡，即将余茶掬于瓯中再冲，备饷多客。权宜为之，不视为常规也"，盖瓯原本确是仕宦之家招待时提供给客人自斟自啜的茶具。潮汕人发现它有出水快的优点，因此当客人较多，主人家忙不过来的时候，常常用它来代替茶壶，用来泡茶斟茶。这个用法沿袭至今，造就了盖瓯与茶壶双雄并峙，一同成为潮汕工夫茶主流冲具的局面。

## ◎ 盖瓯的优点

与茶壶相比，盖瓯在实用性方面有若干明显的优点，包括曾楚楠、叶汉钟等茶文化学者在论述工夫茶的专著中均有提及。

其一，纳茶方便。工夫茶所冲泡茶叶以乌龙茶为主，相比其他茶类，大多条索粗壮，要将其纳入收口的茶壶颇具难度：强行按入，则极容易折断干茶条索，开汤以后会增加涩味；顺势装入，则干茶条索间容易留下空隙，导致壶中茶叶"不满泡"，开汤后滋味不够浓厚。在这一点上，敞口的盖瓯更胜一筹。

其二，去茶渣容易。茶事完毕清洗茶具时，已经泡开的茶叶在茶壶中较难取出来，有时候需要用手指或借助工具，或抠或夹，才能把茶渣完全去除干净。在这一点上，盖瓯同样表现更佳。

其三，可以满足工夫茶冲泡对注水点和出汤点的讲究。对二者把握得当，可以控制盖瓯中不同部位茶叶中水浸出物泡出，从而影响茶汤的香气和滋味，有利于发挥茶叶的耐冲度和品质。在这一点上，茶壶的设计决定了其茶汤是从壶嘴往外倒，没有其他出汤点的选择，相应地也没有注水点的讲究。

关于使用盖瓯冲泡的讲究和不可避免的缺点，翁辉东在《潮州茶经·工夫茶》也有所提及，"惟纳茶之法，必与纳罐相同，不能颠顶。其逊于冲罐者，因瓯口阔，不能留其香"，在他看来，往盖瓯里纳茶，虽然比收口的茶壶方便，但也不能马虎了事。而盖瓯逊色于茶壶的一点，是其瓯口敞开，茶汤的香气较易挥散开，难以留香。

另外，潮汕工夫茶的冲泡程式中有个"淋罐"（又称"淋眉"）的步骤，是指使用茶壶冲泡时，在纳茶、高冲、刮沫后，用开水复淋茶壶表面，以清除沾在壶面的茶沫，又壶外追热，内外夹击，使茶香盈于壶中。在这一点上，盖瓯由于不能在水满盖定后用沸水施以"淋罐"，冲泡出来的茶香确实会比茶壶略逊一筹。除此之外，盖瓯相较款式丰富的茶壶而言，造型单一，缺少把玩的乐趣。

# 四、茶杯

不同形制的白瓷小茶杯

茶杯，通常特指白瓷小茶杯，有"若深杯""白玉令""若深瓯"等雅称。

若深杯在近现代论及工夫茶的文献中多有提及，可见其在工夫茶器具中的重要地位。清朝道光十二年（1832年）《厦门志》卷十五《风俗记》载："俗好啜茶。器具精小，壶必曰孟臣壶，杯必曰若深杯。"清朝施鸿保《闽杂记》曰："漳泉各属，俗尚功夫茶。茶具精巧，壶有小如胡桃者，曰孟公壶，杯极小者名若深杯。"清末民国年间台湾爱国诗人和史学家连横，被誉为"台湾文化第一人"，也曾在其《雅堂文集》作《茗谈》写道："台人品茶，与中土异，而与漳、泉、潮相同；盖台多三州人，故嗜好相似。茗必武夷，壶必孟臣，杯必若深：三者为品茶之要，非此不足自豪，且不足待客。"清朝张心泰在其游记《粤游小志》中记："潮郡尤嗜茶……以孟臣制宜兴壶，大若胡桃，满贮茶叶，用坚炭煎汤，乍沸泡如蟹眼时，瀹于壶内，乃取若深所制茶杯，高寸余，约三四器匀斟之。每杯得茶少许，再瀹再斟数杯，茶满而香味出矣，其名曰工夫茶，甚有酷嗜破产者。"翁辉东《潮州茶经·工夫茶》曰："茶杯若深制者为佳，白地蓝花，底平口阔，杯背书'若深珍藏'四字。"

若深，何许人也？据清末民国时期陶瓷学家许之衡《饮流斋说瓷》中记载，"若深珍藏为康熙制品"，"若深以小品茶杯为多，或谓制者乃一嗜茶雅士。也有不书若深，而画一玉字者，亦是同一人所制"，又据同代古玩收藏家赵汝珍《古玩指南》，"清代瓷款有以堂名或斋名者，大抵皆用楷书，其制品之人有四类，一帝王、二亲贵、三名士而达官者，四雅近良工等是也……康熙时有若深珍藏……皆有名于时，惜主制者不详，无从道其原委"，可知若深应为清朝康熙年间江西景德镇一名烧瓷名匠，因其所制白瓷小杯，杯沿常有花纹，杯身有山水字画，杯底书"若深珍藏"，造型精美而闻名。后人便以若深杯指代精美的白瓷小茶杯，也有称"若琛杯"的。著名茶学家张天福和茶人廖公杖在其合著文章《涉茶常用字、词辨析及规范》中指出，"若琛"是对"若深"的谬传。事实上，从前述若干历史文献及现存传世清朝真品来看，确应为"若深杯"。至于"若深瓯"的说法，与陆羽在《茶经》卷中《四之器》里对盛茶器具的介绍有关。陆羽引用晋朝杜育《荈赋》里的"器择陶拣，出自东瓯"，并解释道，瓯作为地名，指越州，作为器物名，越州窑的最好，口唇不卷边，碗底浅而稍卷边，容量不到半升。若深杯又称若深瓯，可谓后人沿袭古俗，将杯称为"瓯"。

1936年民国时期汕头工夫茶杯

正如俞蛟在《潮嘉风月》中所言："杯盘，则花瓷居多，内外写山水人物，极工致，类非近代物，然无款志，制自何年，不能考也。"清朝时期的工夫茶杯多有青花图案，或描绘文人泛游、寒江独钓，或绘莲池清荷，极为雅致。据陈志民《论潮汕"工夫茶四宝"》中记载，闽南地区墓葬中时有出土清朝康熙、雍正年间的若深杯。对喜茶乐饮的闽粤人民来说，茶杯的使用频率极高，加之瓷制品易碎，"时至今日，民间传世真品已极为罕见，要觅得光绪或民国仿已属不易，真品如今已是古董级，深阁珍藏而已"。

"若深珍藏"款茶杯

## ◎若深杯的择器标准

和紫砂壶一样，工夫茶用的白瓷杯也有其择器标准四字诀，讲究"小浅薄白"。

小，自然指的是茶杯的容量小。相较于其他地区饮茶习俗所用茶杯，工夫茶所用茶杯可以说是最小的，坊间有描述其"如半个乒乓球"大小的，翁辉东则称其"径不及寸"。早在明朝时期，罗廪就在其著作《茶解》中写道，"瓯以小为佳"，其缘由除了与紫砂壶以小为贵的道理相似，"小则香不涣散"，还因其满足了饮具的功能需求，"小则一啜而尽"。即使在《随园食单》中自称"不喜武夷茶，嫌其浓苦如饮药"的清朝才子袁枚，在遇见僧人道士争相以"杯小如胡桃，壶小如香橼，每斟无一两"的武夷茶款待时，也愿"先嗅其香，再试其味，徐徐咀嚼而体贴之"，细品慢尝，体会茶韵。

浅，指的是茶杯的高度小，"浅则水不留底"。对此，翁辉东还在其《潮州茶经·工夫茶》中详细指出了不适用于工夫茶品饮的茶杯器型，"近人取景德制之喇叭杯，口阔脚尖，而深斟必仰首，数斟始罄，又有提柄之牛乳杯，均为讲工夫茶者所摒弃"，无论是大杯口小杯底、形如喇叭的翻口杯，还是带把手的牛奶杯，都因其杯身太深，要喝完杯中茶太不方便而被工夫茶茶客弃用。

薄，顾名思义，说的是茶杯的杯壁薄。薄胎的茶杯不仅散热快，便于茶人饮用，还有极强的聚香力，便于茶人闻香，因此翁老先生概况道，"质薄如纸……不薄则不能起香"。

白，指的是茶杯的釉色洁白。如翁老先生所言，"色洁如玉……不洁则不能衬色"，洁白如玉的茶杯能更好地衬托茶色。若深杯因此又有"白玉令"的雅称。令器，犹言美材。白玉令，指像白玉般的美材。曾楚楠和叶汉钟在《潮州工夫茶话》中讲了这么一个故事。20世纪70年代，潮州枫溪一名陶瓷工艺师郑才守将自己创制的一套杯上绘有水墨虾图的茶杯送给杰出国画艺术家关山月。关老凝视一番后说："茶是素净之物，饮茶是雅事，你在杯沿画上带腥气的水墨虾，合适吗？喝茶的时候，两根长脚好像要伸过来钳夹人的嘴唇，不好。"后来，郑才守又精心绘制了一套彩蝶杯带过去。这次关老更不满意："蝴蝶虽美，但身上带有含细菌的粉尘，端杯的时候，心里老想着那些脏东西，还有品茶的雅兴吗？"最后，郑才守干脆什么都不画了，只带了一套洁白质地、无任何图案的茶杯去见关老。这回关老连声赞许，高兴地说："这就对了，这个好！用这种杯品茶，那才叫高雅！"这正是减法美学在茶道上的体现，没有合适的图案，还不如洁白如玉。

虽然俞蛟在《潮嘉风月》提到"杯之数，则视客之多寡"，但在传统的潮汕工夫茶冲泡中，不论人客众寡，通常只用三个茶杯，摆成一个"品"字。与"茶三酒四踢迌（潮语发音tig$^{4-8}$ to$^5$）二"的潮汕谚语相呼应，三个茶杯的设置强调了工夫茶的品饮以三人为最宜。

茶具器皿配备精良是潮汕工夫茶闻名遐迩的法宝之一，除了上一小节详细介绍的工夫茶"四宝"外，潮汕工夫茶常用到的传统器物还有羽扇、铜筷、铜锤、铜钳、铜铲、茶洗、茶盘、茶垫、素纸、水瓶、水钵、龙缸、茶罐、茶桌、茶担、茶橱、茶巾、竹箸等，另外还有油薪竹、坚炭、榄核炭等生火材料，极其讲究。

按照主要功能的不同，我们可以将传统工夫茶器具划分为冲泡器具、品饮器具、煮水器具（包括常见的生火材料）、置物器具、贮水器具、贮茶器具、贮物器具、其他器具等八类。冲泡器具主要是茶壶和盖瓯，品饮器具主要是若深杯，均在上文详细介绍过，此处不再赘述。

# 一、煮水器具

白玉蟾的"客来活火煮新茶"，李宏的"新泉活火茗瓯香"，陆游的"活火静看茶鼎熟"，赵蕃的"活火风炉自煮茶"，逍遥子的"少水仍将活火煎"，释德洪的"春满茶铛活火红"，从古至今吟茶者描写茶事时提及"活火"的诗词作品很多，可见大家都认同火在煮水时的重要性。

翁辉东《潮州茶经·工夫茶》里写道："煮茶要件，水当先求，火亦不后。苏东坡诗云：'活水仍须活火烹'。活火者，谓炭之有焰也。"可见潮汕人在冲泡工夫茶时，对火的要求甚是严格。为什么要用"活火"？清末民初徐珂在其编撰的《清稗类钞》中提到，"茶之功用，仍恃水之热力"。田艺蘅在《煮泉小品》中也认为纵有名茶、甘泉，若"煮之不得其宜，虽佳弗佳也"。所以有"茶虽水策勋，火候贵精讨"之说。

煮水器具除了工夫茶四宝中的砂铫、泥炉之外，炭作为燃料必不可少，还有羽扇、油薪竹、铜箸、铜钳、铜锤、铜铲等辅助器具。

### （一）坚炭、果核炭

坚炭，一般指的是质地坚硬的实木炭。《潮州茶经·工夫茶》曰："潮人煮茶多用绞只炭，以坚硬之木，入窑室烧，木脂燃尽，烟嗅无存，敲之有声，碎之莹黑，以之熟茶，斯为上乘。更有用榄核炭者，以乌榄剥肉去仁之核，入窑室烧，逐尽烟气，俨若煤屑，以之烧茶，焰活火匀，更为特别。他若松炭、杂炭、柴草、煤等，不足以入工夫茶之炉矣。"可见潮汕人对炭品的选择极其讲究，而翁辉东所讲的"上乘"之品——绞只炭，现实生活中数量比较少。据卖炭人士介绍，绞只炭是用赤楠之类的硬木烧制而成，因赤楠是国家保护树种，不能随意砍伐，所以市面上常见的坚炭多为龙眼炭、荔枝炭、龙芽木炭、石骨木炭等。经过高温烧制的坚炭，炭化温度在600℃以上，外观带有金属光泽，轻敲声音清脆，点燃后燃烧时间较长，没有烟气或杂味。可以作为果核炭的底炭或直接使用。

果核炭，除了众所周知的榄核炭，还有核桃炭、枣核炭等。果核炭烧制过程费时费工，颇能反映"工夫"一词，要把挑选出来的果子放进大

绞只炭

龙芽木炭　　　　　　　　　　　　龙眼炭

石骨木炭　　　　　　　　　　　　石骨木炭断面

锅里熬煮至熟，然后手工用棉线把果肉从核外剥离，晾干，清洗干净，尔后装袋或装桶，运到由石砖砌筑而成的蒙古包形炭窑里，装窑，闷烧，冷却，出窑，整个过程耗时要近半个月。

榄核炭

核桃炭

### ◎榄核炭

有些人把"榄核炭"称为"橄榄炭"，其实并不准确。翁辉东提到"榄核炭"，是用去肉去仁的乌榄核烧制而成，也可称为"乌榄炭"，其炭色泽莹黑乌润，燃烧后火力舒缓有致，隐隐有"榄核香"。这种独特的榄核香透过砂铫溶于水里，煮出来的水便隐隐有一种用其他木炭生火所没有的香气。晚清爱国诗人丘逢甲在《潮州春思·其六》中有"曲院春风啜茗天，竹炉榄炭手亲煎"，也说明了乌榄炭是文人雅士冲泡工夫茶时炭品的首选。

市面所售"橄榄炭"中的"橄榄"，通常指的是潮汕人用来生吃的水果青橄榄，橄榄科橄榄属橄榄种，果成熟时黄绿色，卵圆形至纺锤形，横切面近圆形，长2.5—3.5厘米。而"乌榄炭"中的"乌榄"，属橄榄科橄榄属乌榄种，果成熟时紫黑色，狭卵圆形，长3—4厘米，直径1.7—2厘米，一般腌制后食用。乌榄的果实比青橄榄大，乌榄核的外形颗粒也比青橄榄核更加大、饱满一些。两种果核烧成的炭，虽外形近似，但实际燃烧效果明显不同，乌榄核炭的燃烧时间更持久。橄榄核炭的市价只有乌榄核炭的一半，所以常被一些人用来冒充"乌榄炭"。

## （二）油薪竹

油薪竹，又称竹薪，用来引火，条状。通常以山涧溪流边的小竹子为原料，砍伐捣烂后放在流淌的溪水中浸泡一个多月后再晒干，然后再浸泡，再晒干，反复几次后才算制成。由于其表皮含有油质，

油薪竹

具有易燃的性质，因此被潮汕人用来当引火物，可以使泥炉生火事半功倍。

## （三）羽扇

翁辉东《潮州茶经·工夫茶》载："羽扇用以扇炉。潮安金砂陈氏有自制羽扇，拣净白鹅翎为之，其大如掌，竹柄丝坠，柄长二尺，形态精雅。"羽扇是泥炉生火时用来扇风催火的。传统的羽扇是用手

传统鹅毛羽扇

掌大小的干净鹅毛手工编制而成的，配上竹柄和丝坠，极显朴雅。使用羽扇的时候也有讲究，扇风时既要用力，使空气加速流动，使泥炉保持"活火"，又要注意不能扇过风口左右，以表示对客人的尊敬。

## （四）火钳组

翁辉东《潮州茶经·工夫茶》云："红泥火炉旁必附铜箸一对，以为钳炭挑火之用，烹茗家所不可少。"铜箸的前身，其实就是陆羽在《茶经》中提到的"火筴"："一名箸，若常用者，圆直一尺三寸，顶平截，无葱台勾锁之属，以铁或熟铜制之。"这"箸"，其实就是"箸"，即筷子。陆羽设计的这个用来夹炭的物件，和平常用的一样，形状圆而直，顶端平齐，用铁或熟铜制作。

事实上，与泥炉配套使用的火钳组包括铜筷、铜钳、铜锤和铜铲等。铜

上为铜钳，下为铜筷，中左为铜锤，中右为铜铲

筷可以用来夹榄核炭，或用来拨炭，甚至还可以用来清理泥腔内落灰的透气孔。铜钳可以用来夹体形稍大的炭，按形制的不同也可细分为夹冷炭用和夹热炭用，同样也可以用来拨炭。铜锤用于敲开大块的木炭。铜铲用于清理炉内炭灰和添加榄核炭。这古韵十足的火钳组，还有一个共同的作用，就是可以让司茶之人双手保持干净，同时避免直接接触烧得火热的炭。

# 二、置物器具

茶洗、茶盘、茶垫、纳茶纸以及茶桌，都是用来放置其他器物的器具，所以统称为置物器具。

## （一）茶洗

茶洗，顾名思义，用来洗茶的器具。

明太祖朱元璋下诏令"罢造龙团"，使得其时的散茶成为主流，用沸水直接冲泡饮用的瀹饮法（即撮泡法）推广到朝野上下，"开千古茗饮之宗"。由于散茶在采制和加工中可能会沾上尘垢等不洁成分，在冲泡前必须先进行洗茶，茶洗一器便应运而生。关于洗茶的程序和作用以及茶洗的形制，不少明朝著述都有记载。钱椿年《茶谱》："凡烹茶先以热汤洗茶叶，去其尘垢冷气，烹之则美。"高濂《遵生八笺》："漉尘，茶洗也，用以洗茶。"张谦德《茶经》："茶洗以银为之，制如碗式而底穿数孔，用洗茶叶。凡沙垢皆从孔中流出，亦烹试家不可缺者。"许次纾《茶疏》："岕茶摘自山麓，山多浮沙，随雨辄下，即着于叶中。烹时不洗去沙土，最能败茶。"文震亨《长物志》："茶洗以砂为之，制如碗式，上下二层。上层底穿数孔，用洗茶，沙垢悉从孔中流出，最便。"周高起

《阳羡茗壶系》："茶洗，式如扁壶，中加一盖鬲而细窍其底，便过水漉沙。"冯可宾《岕茶笺》："以热水涤茶叶，水不可太滚，滚则一涤无余味矣。以竹箸夹茶于涤器中，反复涤荡，去尘土、黄叶、老梗净，以手搦干……"综合来看，明朝的茶洗多为陶器，也有用银制成者。形状像碗，分上下两层，上层底部有孔，放入茶叶后用水淋洗，尘垢从孔中流出，浮尘尽除。也有制成扁壶的样式，中间加"盖鬲"的。从字义上看，"盖"为口小腹大的器皿，"鬲"为似鼎、口圆、三足中空的器具；"盖鬲"应是口小、腹大、有三足、底有细孔的部件，便于将沙尘滤除。

到了近现代，茶洗的配置又有所升级。翁辉东《潮州茶经·工夫茶》载："形如大碗，深浅式样甚多，贵重窑产，价也昂贵。烹茶之家，必备三个，一正二副；正洗用以浸茶杯，副洗一以浸冲罐，一以储茶渣暨杯盘弃水。"形状像大碗，款式则深浅不一。由翁老先生的描述可见，当时的爱茶人家会配备三个茶洗，正洗用来浸洗茶杯，副洗一个用来浸洗茶壶，另外一个用来盛放洗茶滚杯后倾出的弃水和换茶后倒掉的茶渣。

老式茶洗，可以用来浸洗茶杯、茶壶或盛水和茶渣

现在潮汕人更多使用的茶洗，则属于改良版的茶洗，常见的有瓷制茶洗、锡制茶洗和陶制茶洗等，创制于20世纪60年代的潮州枫溪。这种新型的茶洗，外形略像铜鼓，和明朝的设计一样，分为上下两层。上层是盘状，折沿，开有若干小孔作镂空设计；下层是碗状，深度略高于茶壶或盖瓯。冲泡工夫茶时，上层放置茶杯，茶壶或盖瓯则看司茶者个人习惯，可置于其上，也可置于其旁；温壶、洗茶、洗杯后的水直接倾入盘中，通过小孔流入下层空间。茶事完毕，清洗茶具后，茶杯、茶壶和盖瓯等可放入茶洗内。如此一来，一个物件便同时兼有茶盘及三个老式茶洗的功能，相当实用。至今这种形制的茶洗仍被当成礼品馈赠远方来客。

新型茶洗

## （二）茶盘

"若深小盏孟臣壶，更有哥盘仔细铺。破得工夫来瀹茗，一杯风味胜醍醐。"这几句撷自连横《剑花室诗集》的茶诗，提到的哥盘就是指哥窑瓷茶盘。

传统的工夫茶茶盘，主要用于放置茶杯。可放置多个茶杯，区别于现代的杯垫（只放置一个茶杯）；只放置茶杯，区别于现代的茶台（可放置茶壶、盖瓯、茶杯、茶洗、公道杯等各种器具）。常见的有瓷质茶盘和陶制

孟臣罐、若深杯与仿哥釉茶盘，陈志民藏

茶盘。《潮州茶经·工夫茶》曰："茶盘宜宽宜平，宽则足容四杯，有圆如满月者，有方如棋枰者。底欲其平，缘欲其浅。饶州官窑所产素瓷青花者为最佳，龙泉白定次之。"翁老先生的阐释，似与坊间流行的择盘标准四字诀"宽、平、浅、白"不谋而合。

## （三）茶垫

极尽精工之能事的潮汕工夫茶，既有器具用于放置饮具，自然也有器具用于放置冲具。此物便是茶垫，又叫壶承。翁辉东《潮州茶经·工夫茶》云："茶垫：如盘而小，径约三寸，用以置冲罐，承沸汤。式样夏日宜浅，冬日宜深；深则可容多汤，俾勿易冷。茶垫之底，托以毡毯，以秋瓜络为之，不生他味；毡毯旧布，剪成圆形，稍有不合矣。"根据翁老先生的描述，旧时的茶垫形制像盘却又比盘小，直径约三寸，用来放置茶壶，"淋罐"时当然也承接从茶壶表面流下去的沸水。款式上有夏浅冬深的讲究，夏天用边缘比较浅的茶垫，纯粹起保护茶壶底部的作用，而冬天用边缘比较深的茶垫，除了

茶垫，又称壶承

保护茶壶底部，还能起保温的作用。茶垫底部垫上用丝瓜络制成的垫子，不生异味，而如果拿用过的毛毯布剪成圆形来做垫子，则不太合适。

和茶洗一样，现代人也改良了茶垫的形制。这种新型的茶垫，看起来像是一个迷你版的茶洗，同样是分为上下两层。上层是盘状，圈足，微有槽口设计，开有几个小孔，方便水渗入下层中部；而下层也是盘状，槽口设计，避免水溢出盘外。冲泡工夫茶时，上层放置茶壶；淋壶后的水直接通过中间小孔流入下层槽中存储。

### （四）纳茶纸

纳茶纸，放茶叶的纸，一般是洁白或淡黄的素绵纸，剪裁成四方形使用。

传统的潮汕工夫茶冲泡程式中，用到纳茶纸的步骤有三个，一是倾茶，二是炙茶，三是纳茶。倾茶是指从茶罐里倾倒适量茶叶到纳茶纸上的步骤；炙茶是指将放置茶叶的纳茶纸移至泥炉口上方，烘烤茶叶至其散发出清纯香味的步骤；纳茶则是指将茶叶按条索粗细，分类依次放入茶壶中的步骤。翁辉东《潮州茶经·工夫茶》在"烹法"中详述了纳茶之法："分别粗细，取其最粗者，填于罐底滴口处，次用细末，填塞中层，另以稍粗之叶，撒于上面，谓之纳茶。"由此可见，纳茶纸的使用，不仅可以防止在将茶叶装入茶壶时撒到壶外，还可以防止茶末被填充到壶嘴处堵塞茶壶或被斟入茶杯中。

### （五）茶桌

又称茶几，潮汕方言称其为茶床，用以饮茶时摆设茶具。茶几按照材质可分为大理石茶几、木制茶几、玻璃茶几、藤竹茶几等。据卢瑞华《工夫茶文化》所云，潮汕工夫茶最常用的是木制茶几，一般用树根或树干加工而成，雕成工艺品，差别在于形状的大小、木材品质的高低与工艺风格的不同。

## 三、贮水器具

古人为什么要贮水呢？明朝的许多茶文茶书都有述及。徐渭在其《煎茶七类》中说道："（水）贵汲多，又贵旋汲，汲多水活，味倍清新，汲久贮陈，味减鲜冽。"张源在其《张伯渊茶录》中也提到："饮茶惟贵乎茶鲜水灵，茶失其鲜，水失其灵，则与沟渠水何异。"许次纾在《茶疏》里阐释道："甘泉旋汲，用之斯良，丙舍在城，夫岂易得。理宜多汲，贮大瓮中……"由此可见，古人不仅认为泡茶的水十分重要，而且认为水质的优劣与水的贮存条件密不可分。甜美的泉水马上汲取来用是最好的，但是人们大多住在城里面，泉水得来不易。所以每次取水应该尽量多取一些，贮存在合适的容器里。贮水时要保持水的灵性，如果贮存不得当，费尽周折得到的好水也和沟渠水没什么区别。

潮汕人深谙其道。他们对工夫茶用水的重视，从装水器具配备的齐全也能看出来。不过这几种器具在现在已极其少见。

### （一）水瓶

水瓶用于添水，容水量比较小。翁辉东《潮州茶经·工夫茶》描述："瓶修颈垂肩，平底，有提柄，素瓷青花者佳。有一种形似萝卜樽，束颈有嘴，饰以螭龙，名'螭龙樽'（俗称'钱龙樽'）。"根据翁老先生的描述，常见的水瓶，颈部修长，肩部线条近乎下垂，即溜肩，平底，有提柄，以白地青花瓷器为最佳；有一种形状像萝卜樽的，颈部内收有嘴，以螭龙为装饰，称螭龙樽。

## （二）水钵

水钵通常是储水后放在茶桌上使用。《潮州工夫茶艺技术规程》团体标准中提到，水钵"以宽口、束脚、圆腹的瓷缸体为佳"。《潮州茶经·工夫茶》除了介绍上等水钵的装饰工艺外，还介绍了水钵的用法"掬以椰瓢"，用椰子壳制成的瓢从水钵中掬水。

蓄水钵

## （三）龙缸

翁辉东《潮州茶经·工夫茶》："龙缸可容多量坑河水，托以木几，置之斋侧，素瓷青花，气色盎然。有宣德年制者，然不可多得。康、乾年间所产，亦足见重。"龙缸原指外壁饰龙纹的供皇室专用的瓷缸，体大，壁厚，用于装水防火，或盛油点长明灯等。入乡随俗的龙缸被潮汕人用来储水以备茶事。因其体形大，容水量也大，带盖，通常用木几托着放在屋子的角落里。多为白底青花瓷制缸，气色盎然。

# 四、贮茶器具

茶罐，存放茶叶的器具，由罐体和罐盖两部分组成，最基本的要求是接合部不漏气。目的是不使潮气和异味侵入，影响茶的质量。茶罐的质地有陶、瓷、竹、木、玉、金、银、锡、漆木等多种。潮汕地区的爱茶人士普遍比较喜爱锡制茶罐和陶瓷制茶罐。据翁辉东《潮州茶经·工夫茶》："茶罐锡盒，个数视所藏茶叶种类多寡而定，有多至数十个者，大小兼备。名贵之茶，须罐口紧闭。"20世纪50年代的潮汕家庭里，茶罐以锡制品居多，数量取决于家中所藏茶叶种类数目，藏茶品种多的家庭甚至有几十个茶罐，大小不一。越名贵的茶，越要保证罐口密封。

锡茶罐

陶茶罐

潮汕历史文化研究中心陈嘉顺博士曾对潮汕地区传统打锡行业作了深入而细致的研究，并在《汕头特区晚报》发表文章《赏用相兼的汕头老锡器》。锡制茶罐能受到潮汕人的青睐并被广泛使用，与锡自带优秀属性以及潮汕地区的锡工艺品手工业一度十分兴旺有关。其一，锡无毒，具有良好的延展性和加工性能，其熔铸、造型、雕刻工艺相对金银铜更轻便，造价也较便宜，在铝、搪瓷、塑料制品尚未流行的年代，潮汕地区几乎家家户户都有锡制用品。制锡师傅经常穿街走巷，为居民铸造或镶嵌用具。其二，锡能隔热隔湿，无异味，锡制茶罐密封性极强，能长期保持罐中茶叶的色泽和芳香。陈嘉顺在其论述中指出："好的茶罐将盖往上拉会感觉到一股吸力，猛拉之后放手，罐盖会迅速回弹。"其三，锡茶罐造型挺秀，产品光亮，具有优美的金属色泽，加工精致，纹饰优美，錾刻刀法考究，能够逼真地体现每一个细节的创意，赏用相兼，呈现出潮汕民间工艺精致细腻、艺不厌精的独特魅力。

关于锡茶罐对茶叶的保鲜作用，有个历史上真实的案例不得不提。1745年，运载着包括茶叶在内约700吨中国物品的瑞典东印度公司"哥德堡"号船触礁沉没。1984年，瑞典的潜水爱好者安德斯发现了"哥德堡"号沉没位置，一系列打捞活动随之展开。从1986年开始的打捞工作一直持续了9年时间，直至所有物品都打捞上岸。据报道，打捞队共打捞出茶叶近370吨以及完整的瓷器402件，还发现沉船货仓中的一些徽式茶箱，"装有锡罐包装的绿茶。令人惊讶的是，这些淹没海底达250年之久的茶叶，由于包装精密，一部分茶形依然紧结卷曲，色泽淡绿，香气犹存，冲泡后仍能饮用"。

根据陈嘉顺博士的研究，潮汕地区锡矿藏丰富，早在战国时代就已经开采并利用了锡矿。在宋朝至清朝之间，更是有较大规模的铅锡矿开采。清乾隆年间纂修的《潮州府志》记载道，本地出产的优质锡原料"必以潮阳匠人雕镂镕范乃佳。今取谚语而易之曰：姑苏样，潮阳匠，揭阳之锡居其上"。也提到开采自当时属于揭阳汤坑一带的锡原料，"比洋锡尤胜，色白如银，击之其声如编磬"。汕头1860年开埠后，来自马六甲等地通过香港输入的锡锭成为本地锡器业的主要原料来源。清朝后期，潮汕锡器作为中国的名优产品，甚至还流传至国外。在清末民国年间潮汕地区各城镇的诸多锡匠、锡器作坊中，有三个地方的制锡家族脱颖而出，闻名于时。一是潮阳县棉城的颜氏家族，人称"拍锡颜"，其工艺比另外两家更知名些。颜氏除在潮阳开设锡器作坊外，也在汕头埠上分设多家锡器店。一是大埔的杨氏制锡艺人。杨氏大部分在潮安城谋生，汕头开埠后南下汕头，有些还从汕头埠过番，到东南亚创业。另一是潮阳峡山的萧氏家族，同样也精于制锡。

另据汕头市金平区史志办发布的金平史志，金平地区的打锡业以制作锡茶罐为主。20世纪初，小公园国平路打锡街内共有18家打锡铺。随着现代工业的发展，传统打锡行业已濒临后继乏人。至21世纪初，金平区域内只有红亭花园、商业街、万安街等锡器工场，资深师傅不超过10人。

## 五、贮物器具

茶担和茶橱，用来装贮工夫茶器具的器物，称为贮物器具。

### （一）茶担

翁辉东在《潮州茶经·工夫茶》中罕见地描绘起一个优游山林、瞰泉临涧的惬意场景："春秋佳日，登山游水，临流漱石，林壑清幽。呼奚童，肩茶担。席地烹茗，啜饮云腴，有如羲皇仙境。"旧时士大夫出游山林野外时，让未成年男仆用肩挑着装贮茶具的担子随行，方便随时可席地烹茶品茗。

而在广州日报《读懂广州·粤韵周刊》第六十期《高冲低斟工夫茶，杯小茶浓慢慢品》一文中，记者陈家源提到了潮州市博物馆内收藏的一副民国时期金漆木雕茶担，展示了另外一种场景下的茶担。作为一种以木雕作装饰的礼仪用具，茶担造型独特、纹饰优美，展示了潮州金漆木雕的气派。这种茶担平时存放于祠堂，每逢民间举行游神赛会活动时则被用来挑担茶具和茶水，供游行人员在游行过程中随时饮用。活动中，挑担在肩的专职人员，随游行队伍前行，"还能边走边泡茶，且茶汤不会溢出"。

从图像我们可以看到，担子两头各是一个橱柜，设计精巧，其中一个分几层，有敞格、有抽屉、中有格板相隔，可以装茶具、茶叶，另一个分两层，上为置物架、下为三面镂空雕的敞格，可以放火炉、木炭；两个橱柜顶部提梁上都装有铜环，便于挑担者随时肩挑出行。据潮州文史专家曾楚楠描述，"身处鞭炮轰鸣的场合，边走边吹拉弹唱的游行人员，亦不忘抽暇饮上几杯由随队进退的专

金漆木雕茶担（潮州市博物馆藏）（上图据南方日报等出品的《宝览南粤》，下图据广州日报《读懂广州·粤韵周刊》）

职人员所烹制的工夫茶"。当时工夫茶风俗在潮汕民间的普及度之高，从这个奇特的画面足以窥见一二。

## （二）茶橱

区别于茶担是"流动作业"，茶橱则是固定位置使用，多陈设于民居厅堂，可放置各类工夫茶器具，设计考究，装饰华丽，兼实用性与艺术性为一体。潮汕人运用巧夺天工的潮州金漆木雕技法制作茶橱，设有两扇门，内设层板和小抽屉，其中橱门及橱两侧是装饰的重点部位，通常镶嵌多件透雕花板作装饰，题材以人物故事、社会生活、花鸟水族等最为常见。

潮州木雕茶橱（据肖朋彦《潮州木雕，隐匿在精工之下的市井风情》）

# 六、其他器具

除了上面各种可以分门别类的工夫茶器具，潮汕工夫茶还有一些难以归类的器具，常见的有茶巾和竹箸等。

## （一）茶巾

也称茶布、方巾、洁方等。早在陆羽的《茶经》中就有其身影："巾，以绝布为之，长二尺，作二枚，互用之，以洁诸器。"潮汕工夫茶所用茶巾一般为方形，用粗绸或麻布制成，现代多用棉制品，多为红褐色。柔软，吸水性强，用于擦拭工夫茶器具表面的茶渍、水渍等，以保持茶具清洁。

## （二）竹箸

即竹筷子。俞蛟《潮嘉风月》里的"此外尚有瓦铛、棕垫、纸扇、竹夹，制皆朴雅"，提到的"竹夹"应为该物。翁辉东在《潮州茶经·工夫茶》中述其"用以箸挑茶渣"。前面提到茶壶在清洗过程中去除茶渣较不方便，有时候需要用手指抠或借助工具夹，才能把茶渣完全清除干净，此时用到的工具便是竹箸。

第三节

现代工夫茶器具

随着现代生活水平的提高，潮汕人的生活方式也发生了巨大的改变。要求爱茶之人在所有场合都恪遵古法，每次泡茶饮茶都用上十几件套的传统工夫茶器具，显然不甚现实。近数十年来，工夫茶器具"可繁可简"的特性愈加凸显。为适应不同场合、环境、主题的品茶需要，茶具的选配组合各有侧重。在庄重高雅的场合里，司茶者用心布置精致的茶席，各种茶具一应俱全。在休闲随意的场合里，司茶者按需备器，茶席设计极尽简约之能事。与此同时，一些传统的工夫茶器具，也朝着简便实用的方向不断地改革。在工夫茶冲泡中，较常见的现代茶具有以下几种。

## 一、煮水器具

随着近几十年来能源开发的不断发展，煤油炉、酒精炉、石油气炉、电热炉、电磁炉逐一登上潮汕人的茶桌，逐步取代了传统的炭炉。据曾楚楠和叶汉钟合著的《潮州工夫茶话》，20世纪六七十年代以后，"木炭供应紧张，用铁皮制作的蓝焰煤油炉应运而生"，有工厂专门生产，有商店陈列销售，其流行度可谓盛极一时。然而其使用虽然方便，但在点燃和熄火的阶段煤油味道会比较重，而且灯芯会损耗，每使用一段时间就要替换。因此又有酒精炉问世。酒精的气味虽然不像煤油那么刺鼻，但由于它易挥发，加上火力输出低，不经烧，如果泡茶途中需要熄火加酒精，实属不便。所以当20世纪70年代末电力普及后，电热壶流行了起来。电热壶由壶体与加热底座组成，相当于传统形式下壶与炉两种茶具的结合，热效率高，可使水快速沸腾，且具备多重安全防护，可实现水开自动断电、干烧自动断电、提壶自动断电。

然而，电热壶使用再方便，也始终难逃其因储水量偏多所带来的缺陷，壶内的水容易变凉，反复沸腾会让水"变老"，而温度不够的水或沸腾过度的水用来泡茶都会影响茶叶的香气和滋味。因此，有一阵子，市面上又流行起石油气茶炉。其结构与以前的煤炉相似，主要的区别就是燃料由煤油变为液化石油气，不再有刺鼻气味；炉芯由纯棉灯芯变为纯铜炉芯，更稳定耐用。再后来，又有了各种煮水用的电磁炉、电陶炉，可实现自动加水、功率调节、快速沸腾等功能。

在自然界，物竞天择，适者生存；在商品界，物竞人择，实用者生存。而具体到工夫茶器具的选配，其基本特征则是实用性和艺术性的有机融合，要因茶、因人、因时、因地制宜。不妨想象一个场景，在现代轻奢风格装修的客厅中，像赵蕃般"活火风炉自煮茶"，像潘耒般"砖炉石铫自烹吃"，像丘逢甲般"竹炉榄炭手亲煎"，不说煮出来的水能有多甘甜柔软，光是火星四溅和烟气飞散的现象就足以破坏整个茶事空间的和谐。在这样现代化气息十足的室内环境中，传统的煮水器具砂铫、泥炉不是不能用，只是不那么"实用"——因为使用"风炉薄锅仔"时要特别注意保持通风良好，而室内空间的通风效果一般不如户外环境；也不那么"艺术"——因为砂铫和泥炉气质古朴典雅，与装潢时尚潮流的环境实在是不协调。

## 二、杯垫

又称杯托，用于放置单个茶杯，区别于前述传统工夫茶器具中可放置多个茶杯的茶盘。一般为圆形或方形，常见的也有"井"字形、花形、叶形等，有些还微有凹槽设计，可避免茶杯溅出的茶汤溢出托外。在中国茶具的历史上，杯垫的出现由来已久。据陈宗懋《中国茶叶大辞典》载，"托始于晋，发展于南北朝，流行于唐宋"。而在传统工夫茶的冲泡和品饮过程中，司茶者和饮茶人围桌而坐，茶壶或盖瓯与茶杯都放在茶洗上，并不需要另外的器具单独放置茶杯。近些年来，随着茶事空间的精致化和茶事服务的规范化，人们对茶席桌面空间洁净卫生的讲究程度也随之上升。在不少工夫茶冲泡的场合里，司茶者也会用上杯垫：一来可以隔热防烫；二来能保证司茶者奉茶时不会用手碰到杯口，干净卫生；三来可以使桌面不沾茶渍。杯垫的材质有多种，木制、锡制或竹制的杯垫与工夫茶搭配最为协调。

## 三、茶荷

茶荷，用途与传统的纳茶纸和古时的茶则相仿，具有漏斗和简单度量的作用，而且更兼具赏茶的功能。常见的茶荷多为瓷制或玻璃制。茶荷的线条圆润柔美，形状犹如初生的荷叶，边缘微微卷起，器型整体生动而凹凸有致。一端有口，便于向冲泡器具中投置茶叶。使用时，先从茶罐里倾倒适量茶叶到茶荷中，再向客人展示茶荷中的茶叶，最后将茶叶通过漏口拨入茶壶或盖瓯中。作为展示干茶的器具，茶荷无疑以方便主、客直观地赏茶形、观茶色、闻茶香；司茶者更可由此了解茶叶的粗细、老嫩和新陈，并据此决定用茶数量和冲泡出汤时间。

在国务院先后公布的五批国家级非物质文化遗产代表性项目名录中，
与工夫茶器具相关的潮汕非遗项目共有4个。

# 一、国家级非遗项目

## （一）潮州木雕

广东的木雕技艺主要集中于潮州、汕头、揭阳、梅州等地，历史上统
名之为"潮州木雕"。2006年，潮州市申报的潮州木雕项目被列入第一批
国家级非物质文化遗产代表性项目名录。2008年，揭阳市和汕头市分别申
报的潮州木雕项目作为扩展项目被列入第二批国家级非物质文化遗产代表
性项目名录。作为一项民间雕刻艺术，潮州木雕主要用以装饰建筑、家具
和祭祀器具，以其悠久的历史、完整的体系、精湛的工艺制作、丰富的题
材内容和浓郁的地方特色而享有盛名。多以坚韧度适中的樟木为材质，镂

刻形式丰富多样，有浮雕、沉雕、圆雕、镂雕、通雕等多种手法，雕出的成品剔透玲珑，层次丰富。主要工艺流程为拟图稿、凿粗坯、精细雕刻、髹漆贴金等几道工序。潮州木雕最初在建筑装饰方面使用得比较多，全国重点文物保护单位、建于清光绪十三年（1887年）的潮州己略黄公祠，祠内各处梁柱多饰以龙、凤、狮等祥瑞动物，展现了潮州木雕的各种表现技法，被誉为"潮州木雕一绝"。由于人们居住环境的改变，潮州木雕后来更多地被用以制作屏风、几桌、橱柜等家具和神亭、神轿、进盒、宣炉罩、烛台、果碟等祭祀用的器具，并且都进行了贴金。经过贴金的潮州木雕，光彩夺目，气派堂皇。以精细雕刻著称的潮州木雕，具有典型的"潮色潮味"，是潮汕文化的重要组成部分。从巧夺天工的木雕作品中，不仅可以窥探潮汕人的缜密、细腻与精益求精的价值观念，还能领略到极富潮汕民间色彩的审美趣味和文化艺术风格。在一代代手工艺人不懈的传承与创新中，这项流传千年的非遗技艺历久弥新，惊艳世界。工夫茶器具里的木雕物品主要有茶担、茶橱等。

### （二）枫溪陶瓷

2008年，枫溪瓷烧制技艺项目被列入第二批国家级非物质文化遗产代表性项目名录。据考证，唐朝的潮州就有瓷器生产。宋朝以后，枫溪崛起为潮州的制瓷中心，并延续至今。枫溪瓷门类齐备，有日用瓷、艺术瓷、建筑卫生瓷和特种用瓷四大系列。枫溪瓷烧制技艺有雕、塑、镂、捏、贴、刻、划、印、压等多种手法，装饰手段也丰富多彩，其中以镂雕、捏塑最为著名。枫溪瓷器艺人善于用写实、夸张、变形等手法塑造人物、动物形象，制成的产品具有很高的艺术性，光彩照人，独具神韵。工夫茶器具里的枫溪瓷烧制品主要有若深杯、盖瓯、茶洗等。

## （三）枫溪手拉朱泥壶

2014年，陶器烧制技艺（枫溪手拉朱泥壶制作技艺）项目被列入第四批国家级非物质文化遗产代表性项目名录。

作为潮汕工夫茶的主要冲泡器具，枫溪手拉朱泥壶在当地俗称"土罐"。用料选取本地陶矿红泥，采用拉坯车旋转制陶技法，手工拉坯成型。制作过程要经过拉、修、批、上水、上浆、烧等近60道工序，烧制的成品具有造型精美，线条简练，色泽丰润，光滑度高等特点。枫溪手拉朱泥壶历史悠久，积淀深厚，演化有序。清朝中期以前多仿制宜兴名壶。清朝末期以后，潮州壶艺师渐渐形成了本地化的手拉壶制作技艺，并创立了各自的商号，以家族世代传承。较有名的商号主要有吴氏的"源兴"号和章氏的"安顺"号：源兴号由创始人吴英武于清朝道光二十七年（1847年）创立，至今六代传人，作坊设在枫溪大路顶红罐铺内；安顺号由创始人章大得创立于清朝末期，迄今已传五代，作坊设在枫溪西塘。目前，陶器烧制技艺（枫溪手拉朱泥壶制作技艺）非遗项目有国家级传承人1名（谢华）、省级传承人3名（吴瑞深、章燕城、吴锦全）。

2021年，潮州手拉朱泥壶获批国家地理标志保护产品。2022年，潮州市市场监督管理局发布并实施《地理标志产品 潮州手拉朱泥壶》市级地方标准，对潮州手拉朱泥壶的工艺要求和质量要求等作出了明确规定。作为冲泡凤凰单丛茶的常用茶具，潮州手拉朱泥壶的起源和发展与潮汕工夫茶文化息息相关。《地理标志产品 潮州手拉朱泥壶》市级地方标准是潮州继凤凰单丛（枞）茶之后的第二个市级地方标准出台，不仅有助于推动潮州手拉朱泥壶产业的可持续健康发展，对传承和发扬工夫茶文化无疑也有重要的意义。

### （四）潮州彩瓷

2014年，潮州彩瓷烧制技艺项目被列入第四批国家级非物质文化遗产代表性项目名录。潮州彩瓷是清末潮州艺人运用新型颜料，结合传统釉上彩绘艺术并融合国画技法所创造的瓷器彩绘艺术。其特点是构图饱满，色彩鲜丽，层次分明，线条流畅，优美生动，格调高雅。20世纪80年代，潮州彩瓷产品出口70多个国家和地区，出口量占汕头口岸的60%以上。潮州市彩瓷总厂集体设计制作的彩瓷作品《堆金牡丹花鸟三百件天球瓶》更是荣获莱比锡国际博览会金奖。和枫溪瓷烧制品相同，工夫茶器具里的潮州彩瓷烧制品主要有若深杯、盖瓯、茶洗等。

# 二、省级非遗项目

### （一）贵政山茶叶陶罐

2009年，贵政山茶叶陶罐制作技艺项目入选广东省第三批省级非物质文化遗产名录项目。

作为一种富有地方传统特色的民间工艺品，贵政山茶叶陶罐是"普宁四大名产"之一。原产于揭阳市普宁市贵政山村南侧山坡地，产品畅销包括港澳台在内的全国各地及东南亚一带，潮汕地区民间多有收藏。贵政山茶叶陶罐的产生、流传和发展，与潮汕地区的历史文化和社会人文紧

贵政山茶叶陶罐制作龙窑遗址

贵政山茶叶陶罐制作工坊

密相连。据有关资料记载，贵政山茶叶陶罐创始于清朝中期，以师承形式代代相传；20世纪60年代起，茶叶陶罐改陶土色为彩釉，并在罐外饰以图案；20世纪90年代以后，生产工艺从用柴草烧制的龙窑改为用煤气烧制的气窑，彩釉套色更为完善，产品走上规模化、系列化、标准化的轨道。

　　贵政山茶叶陶罐以普宁市南山至莲花山一带的优质粘性土为原料，采取传统手工技艺制作而成，其制作过程要经历选土、练泥、注浆、上釉、配画、烧制、打磨等7个阶段。贵政山茶叶陶罐造型独特，呈立锥式，盖中有盖，密闭性好。装饰图案多选取传统的寿福禄、山水花鸟等题材。按规格分为艳黑罐、孔雀兰蓝星罐、茶色罐、圆子红罐等不同类别。除贮藏茶叶外，还可贮藏人参等贵重药材。

贵政山茶叶陶罐有一点令人称奇的是，罐盖内含双层盖，且与罐身并不紧贴，陶罐盖上盖子后，用手轻轻一碰，有些摇荡松动。正是这种独特的设计，保证了贵政山茶叶陶罐能够保存茶叶数十年不变质，还能提升茶叶品质。因为罐盖的双环盖设计，使陶罐顶部形成一个"中空"的隔离层，既阻挡罐内气味外泄，又阻挡外面气流进入；而罐体的立锥式设计，更有利于罐内的空气循环，保证茶叶的自然转化。使用贵政山茶叶陶罐的正确方法是：茶叶罐揭盖，在太阳下晒干，或放入烧红的木炭，使其烘干；用干布拭净（忌用水洗）后，装满茶叶，盖上盖子，再置于干燥卫生的地方即可。

20世纪贵政山60年代茶叶罐

贵政山茶叶陶罐

## （二）潮州炭炉

2022年，陶器烧制技艺（潮州炭炉制作技艺）项目被列入广东省第八批省级非物质文化遗产代表性项目名录扩展项目名录。作为潮汕工夫茶的传统煮水器具，潮州炭炉的起源和发展，与地方茶文化的发展息息相关。潮州陶器千年延续，不熄的窑火赋予了这项独特工艺深厚的历史积淀。其制作采用泥料特别考究，主要采用当地黏土，俗称"红泥""泥积土"。它区别于传统泥料，黏性好，无砂砾，易揉捏，可塑性强且泥土含有较多的氧化铁，透气性好，物理性能佳，烧制后呈现红色，产品材料纯天然，不受污染，具备环保、节能、健康、实用等特点。采用手工拉坯成型，属于原始的辘轳制陶工艺：制作过程中要用脚踢"梭车"来转动轮盘，利用其惯性一气呵成把粗坯拉好，即在安装于辘轳的石膏转盘上放置泥料，通过拉、挤、压、捏等方法制好炉体后，再经修坯、安装、晾干、上釉、装窑、烧窑等工艺程序制作出成品炭炉。潮州炭炉制作技艺由一代代民间艺人薪火相传，历经时代变迁，从传统的泥火手工艺逐步向现代技艺演变，不断焕发出新的生机。

第四章

工夫茶之择水

水为茶之母。茶与水的关系非常密切，因为水是茶的色、香、味的体现者，作为茶叶色、香、味品质释放和形成的主要载体，水质的好坏会直接影响茶汤的感官品质。人们用水冲泡或蒸煮茶叶，经眼观、鼻闻、口啜，体验着品茶带来的享受。用不同水质、水温、水量的水泡茶或煮茶，会形成完全不同的茶汤品质。千百年来，历代爱茶之人通过各自的阐述和他人的讲述，演绎着其对水与茶关系的认识与实践。嗜茶的潮汕人，自然也认识到了冲泡工夫茶用水的重要性，对择水煮水也十分讲究。

悬壶高冲注水

## 第一节 历史上对饮茶用水的认识和实践

好茶必用好水，古人历来重视用水。关于煮茶用水，"茶圣"陆羽在《茶经》中围绕"其水，用山水上，江水次，井水下"的观点展开论述。陆羽认为山水、江水、井水，只要所取适宜，都为可用，而以山水为上。当然山水也有很多种，陆羽仔细分析了各种条件下的山水情况，并指导如何取用。江水取离开人类活动远的地方的，这样人类活动不致沾染江水。井水要取常用井里的，这种井里的水能够保证常汲常新，流动鲜活。总之只要是清洁的、缓慢流动的水皆可，而以甘美而清冽的泉水为最好。

据元朝辛文房所撰《唐才子传·崔国辅》载："国辅……贬竟陵司马……初至竟陵，与处士陆鸿渐游，三岁，交情至厚，谑笑永日，又相与较定茶水之品。"陆羽在家乡与被贬官竟陵的崔国辅交游3年，二人友情深厚，整天一起开玩笑，共同比较确定茶叶品质和煎茶水质的品级。此后陆羽对煮茶用水便一直很重视，每到一处都要品茶评水。唐朝张又新的《煎茶水记》就记录了陆羽曾口述将其所到之处的宜茶之水品评等第列出20种："……李因问陆（处士鸿渐）：'既如是，所经历处之水优劣精可判矣！'陆曰：'楚水第一，晋水最下。'李因命笔口授而次第之：庐山康王谷水廉水第一……"陆羽对所经历之处宜于煮茶之水的品评，地域宽度相当大，包括如今的江西、江苏、湖南、湖北、浙江、河南、安徽、陕西地区，甚至还有雪水。

陆羽之后，重视饮茶用水成为后世茶人的共性：他们对水如何影响茶、饮茶用水要如何选择等话题均有不少精辟的阐述。明朝田艺蘅在其所撰品茶用水专著《煮泉小品》中云："茶，……品固有嫩恶，若不得其水，且煮之不得其宜，虽佳弗佳也。"他指出茶的品质虽然有好有坏，但如果得不到煮茶的好水，而且煮茶的方法不得当，即使有再好的茶也不会好喝。

赵观在为该书作序时特别提到，田艺蘅"固尝饮泉觉爽，啜茶忘喧，谓非膏粱纨绮可语。爱著《煮泉小品》，与漱流枕石者商焉"，说他曾感叹只要喝到泉水就能觉得清爽，喝到茶汤就会忘记喧嚣，这些都不是能与膏粱子弟、纨绔之辈谈论的内容；更指出田编写此书，为的就是能与幽人雅士们商榷品茗所用的水质，并盛赞其"考据该恰，评品允当，寔泉茗之信史也"。

同朝张源在其论茶专著《茶录》中指出，"茶者水之神，水者茶之体。非真水莫显其神，非精茶曷窥其体"，巧妙地点明了茶与水相辅相成、相得益彰的关系。同时期的许次纾在其茶叶专著《茶疏》中也专辟一章写《择水》，以"精茗蕴香，借水而发，无水不可与论茶也"概况全章，并用大篇幅讲述了其对选择饮茶用水的认识与实践，可见其对择水的重视。同朝张大富在其笔记《梅花草堂笔谈》中对茶与水则有一段经典的评说："茶性必发于水。八分之茶，遇水十分，茶亦十分矣。八分之水，试茶十分，茶只八分耳。"意指茶的品质特征需要有水的配合才能充分地发挥出来，水的品质会影响茶汤的品质。

嗜茶如命的宋徽宗赵佶也是鉴水试茗的高手。在其所撰茶叶专著《大观茶论》中，他总结道："水以清轻甘洁为美。轻甘乃水之自然，独为难得。"历代茶人关于水质品评的茶书，还有明朝徐献忠的品茶用水专著《水品》，北宋欧阳修的读书杂记《大明水记》，宋朝叶清臣的谈茶札记《述煮茶小品》等，不胜枚举。

历史上，更有嗜茶之人为取得饮茶好水而不惜费尽周折的典故。唐朝无名氏所著笔记《玉泉子》载，"李德裕在中书，尝饮惠山泉，自毗陵至京置递铺"；宋朝王谠所著笔记小说《唐语林》云，"在中书，不饮京城水，茶汤悉用常州惠山泉，时谓之'水递'"。两书所记大旨相同，要言不烦，短短几句便使李德裕对饮茶用水极其重视的人物形象跃然纸上。唐武宗时期的宰相李德裕，偏爱常州惠山泉水（今位于江苏无锡）。他煮茶不用京城水，而是派人从数千里以外的毗陵（今江苏常州）将惠山泉水一路经专门设置的"递铺"运至长安城，时称"水递"。为此，晚唐诗人皮日休作诗《题惠山泉二首》讽喻道："丞相长思煮泉时，郡侯催发只忧迟。吴关去国三千里，莫笑杨妃爱荔枝。"

唐代品茶名家张又新撰写的《煎茶水记》，是茶史上最早论述茶汤品质与宜茶用水的著作。除了记述刘伯刍和陆羽对适宜煮茶之水的等级排序，书中也论述了张又新自己的考察实践，中国农业科学院茶叶研究所于良子称"这部分对水的见解甚高，弥足珍贵"。张又新尝过陆羽说的20种水后，从中得出一个结论："夫茶烹于所产处，无不佳也。盖水土之宜，离其处，水功其半。"就是说，茶在产地烹煮饮用，几乎没有不好的。所谓"水土之宜"，是指用当地的水煮当地的茶最为适宜。如果水运到别处用来煮茶，品质效果只剩原来的一半。

择水之外，陆羽对煮水的论述更是开风气之先。在《茶经》卷下《五之煮》里，他将水沸腾分为三个程度，并将一沸之水形象地比喻为"鱼目"。鱼目和蟹眼自此成为后人论煮水时的专用名词，更经常成为诗文创作中一个醒目的意象，如李光《饮茶歌》的"山东石铫海上来，活火新泉候鱼目"，黄庭坚《奉同六舅尚书咏茶碾煎烹三首》的"风炉小鼎不须催，鱼眼长随蟹眼来"，张扩《谢人惠团茶》的"乳花元属三昧手，竹斋自试鱼眼汤"，王柏《和立斋荔子楼韵》的"呼童烹露芽，蟹眼时一斟"等。"缘边如涌泉连珠，为二沸。腾波鼓浪，为三沸。"除了描述二沸之水像连珠般涌动，三沸之水像波浪般翻滚奔腾，陆羽还提出在二沸之水加入茶末煮茶是最适合的，三沸以上的水则过老，不可用来煮茶饮用。他的这一经验论断也一直为人继承，至今仍有着现实的指导意义。

# 一、工夫茶择水的讲究

旧时潮汕人对工夫茶择水的讲究，可见于翁辉东《潮州茶经·工夫茶》中的"潮人嗜饮之家，得品泉之神髓，每有不惮数十里，诣某山某坑取水，不避劳云"。由于生活水平的提高和科学技术的进步，现代人在工夫茶用水的选择上比古人更有优势，泡茶好水更容易觅得。用来冲泡工夫茶的水可分为天然水和人工处理水。按照水的来源和形式的不同，天然水有泉水、江水、河水、湖水、井水、雨水、露水、雪水等，人工处理水则有自来水、瓶装或桶装的矿泉水和纯净水等。

## （一）泉水

泉水指从地下流出来的水。包括陆羽在内的不少古人都曾称赞山泉水，其经山中石隙自然过滤后，水质清净通透，又因其长流不息，水中有较充足的空气，水质凛冽鲜活。用这种泉水泡茶，能使茶的色香味得到最大发挥。张源在其《茶录》中更是详细地分析道，"山顶泉清而轻，山下泉清而重，石中泉清而甘，砂中泉清而冽，土中泉淡而白"，可见源头和流经途径的不同，对泉水的品质也有较大的影响。因此，并非所有泉水都有饮用价值，比如硫磺泉水就不能用来泡工夫茶。

### （二）江、河、湖水

江水、河水、湖水属于地表水。水中常含有黏土、砂、水草、盐类、细菌和微生物等，靠近人口密集之处更易受到污染。但在远离人烟的地方，只要是常年流动的，这样的江、河、湖水，即使比较浑浊，经过澄清处理，仍不失为泡茶的好水。宋朝诗人杨万里就曾在其《舟泊吴江三首之二》中描绘过船家用江水煮茶的场景："自汲淞江桥下水，垂虹亭上试新茶。"前有陆羽《茶经》中强调的"其江水取去人远者"，后有许次纾《茶疏》中阐述的"往三渡黄河，始忧其浊，舟人以法澄过，饮而甘之，尤宜煮茶，不下惠泉。黄河之水，来自天上，浊者土色也。澄之既净，香味自发"，都是在论述取江、河、湖水冲泡茶叶所应该遵循的要点。

### （三）井水

井水属于地下水。由于井水透过地质层，起到了过滤作用，含泥沙悬浮物和细菌较少，水质较为清澈澄净。但常见的井水多为浅层地下水，尤其是人口密集之地的井水更易受到环境污染，如田艺蘅在《煮泉小品》所载，"市廛居民之井，烟爨稠密，污秽渗漏，特潢潦耳。在郊原者庶几"。所以，井水是否适宜用来泡茶，应该视具体情况分析，不能一概而论。一般来说，深井水优于浅井水，远离人烟的井水优于城市井水，常汲的井水优于不常汲的井水。

## （四）雨、雪水

雨水指由降雨而来的水，雪水指由雪融化后的水，二者均属于天然水。田艺蘅在《煮泉小品》将露水、雪水、雨水统称为"灵水"。这其中尤以雪水备受推崇，在历代茶人茶诗中多见其身影，如白居易《吟元郎中白须诗兼饮雪水茶因题壁上》有"吟咏霜毛句，闲尝雪水茶"，又《晚起》有"融雪煎香茗，调酥煮乳糜"，方凤《陶谷茶雪》有"玉堂学士爱清味，取雪烹茶真快哉"，仇远《冬日小斋即事》有"一瓶雪水煎茶熟，清气真能压武夫"，朱熹《次彭应之餐雪韵》有"雪水瀹清茗，自谓绝世清"，曹雪芹在《红楼梦》里借贾宝玉之手作《冬夜即事》，"却喜侍儿知试茗，扫将新雪及时烹"。至于雨水，明朝的熊明遇在其所著《岕山茶记》中提到："烹茶，水之功居大。无山泉则用天水，秋雨为上，梅雨次之。秋雨冽而白，梅雨醇而白。"秋天的雨最好，因天高气爽，空气中尘埃少，水质清冽，而黄梅季的雨差一些，因连续下雨，空气潮湿，水质较为逊色。时至现代，日益严重的空气污染，使得雨水和雪水的饮用价值不再和古时候一样高，用来泡茶时最好有所取舍。

## （五）自来水

自来水，是指把取自水源的天然水经过净化、消毒后供应居民生活、工业生产的水，符合《生活饮用水卫生标准》强制性国家标准。我国2023年实施的GB 5749-2022《生活饮用水卫生标准》新版标准规定，自来水厂出厂水含游离氯余量不低于0.3mg/L，末梢水即输送至用户水龙头的水含游离氯余量不低于0.05mg/L。为什么国标要这么规定呢？因为在输送自来水时，保持一定量的余氯可以减少水在输送过程中产生的有害细菌。尤其在南方一些温暖地区，恒温恒湿的环境很容易导致微生物生长繁殖，输配水管也容易滋生青苔，从而污染水质、堵塞水管。因此，自来水普遍残留消毒剂余氯，闻得到游离氯的气味也是正常的。只要把自来水烧开，就可以消灭水中的细菌，也可以让水中残留的游离氯完全挥发，这样的水就能用来泡工夫茶。特别讲究的，也可以用净水器过滤或是静置一日后再烧开。

### （六）瓶装或桶装矿泉水、纯净水

市场上销售的瓶装或桶装矿泉水，经过厂家的处理，可直接饮用。由于其含有较多对人体有益的矿物质，属于硬水，如果用来泡茶，水中矿物质对茶汤的汤色、香气、滋味都是不利的。而市场上销售的纯净水，是人工过滤、杀菌后不含杂质的饮用水。用这种水泡工夫茶，对茶叶的干扰最少，冲泡出来的茶汤所表现出来的色香味是各类水源中比较客观纯正的。纯净水获取容易，是对工夫茶新手茶客最为友好的泡茶用水；但对品茶老饕们来说，纯净水虽然不会影响茶叶品质，但也太过"中规中矩"，并不能使茶叶展现出更多特色。

在现代环境的影响下，以上每一类水均有优劣之分，对于其是否适宜用来冲泡工夫茶，不可一概而论。后人在宋徽宗赵佶"清轻甘洁"择水观的基础上，把衡量泡茶好水的标准整合为"清、轻、甘、冽、活"五字诀：

- 水质要"清"，指水无色无臭，清澈澄净，不含有肉眼所能见到的悬浮微粒；
- 水体要"轻"，指水密度低，水溶矿物元素较少，也就是我们现在说的"软"；
- 水味要"甘"，指甘甜；

- 水温要"冽"，指冷寒；
- 水源要"活"，指水是流动的。

关于"软"的判断，现代的科学技术使得我们可以通过水中可溶性盐类含量的高低，把水区分为硬水和软水。用软水泡茶，茶汤的色香味俱佳；用硬水泡茶，茶汤易变色，香气和滋味也会大受影响。

简单来说，雨水、雪水和纯净水为软水，井水多为硬水，泉水、江河湖水和自来水为暂时硬水。所谓暂时硬水，是指水中的可溶性盐类在水被煮沸时会发生分解，水因此变为软水。以现代的眼光来看，大部分水质清澈澄净偏软的泉水、矿物质含量没有超标的深井水、受现代环境污染较小的江河湖水和自来水，以及合格的纯净水，都适宜用来冲泡工夫茶。

我国2018年发布实施的GB/T 23776-2018《茶叶感官审评方法》国家标准规定，审评用水的理化指标及卫生指标应符合GB5749的规定。《潮汕工夫茶广东省地方标准》规定，用水应符合GB5749的规定；传统潮汕工夫茶冲泡最好选取水质比较好的天然山泉水。2022年3月，国家市场监督管理总局和国家标准化管理委员会联合批准发布GB 5749-2022《生活饮用水卫生标准》，代替GB 5749-2006《生活饮用水卫生标准》，自2023年4月1日起实施。新版标准的水质指标从旧标准的106项调整为97项，新增了影响用水口感和舒适度的感官指标，细化了消毒副产物的指标。新版标准的实施对饮茶爱好者来说无疑是个天大的好消息，其出现满足了茶人追求好水的现实需要。

## 二、潮汕名泉

　　好茶配好水，古有李德裕千里汲泉，今有爱茶如命的潮汕人"不惮数十里，诣某山某坑取水，不避劳云"。可见"一水难求"以及潮汕人在喝茶时对泉水的痴情。潮汕各地历来就有很多名泉，如潮州有西湖处女泉、潮安甘露泉、凤凰山佛泉、饶平岭头古甘泉等。汕头有澄海井仔泉，潮南塔山饮凤泉，千年古县潮阳东岩卓锡泉、石岩古寺龙泉、金顶古寺龙泉等；揭阳有惠来海角甘泉、风门古径山泉等取水点。用取自山里的泉水泡茶，香醇甘爽，可谓一绝。

潮阳东岩卓锡泉　　　　　　　　潮阳石岩古寺龙泉

潮阳西山问潮泉　　　　　　　　惠来海角甘泉石碑

位于潮阳西山西岩寺内的问潮泉，虽然井已干涸，无泉涌出，但在井口边上刻有清朝鄂中沔阳（今湖北仙桃）人杨介康题刻的独脚联，云"吾乡陆羽茶经不列名次之泉"；光绪《潮阳县志》有载问潮泉名字的由来"寺内有井，味清冽。其脉通潮，潮长则泉倍，潮消则泉微"，可见当年问潮泉水质之优，虽然不是陆羽《茶经》提及之名泉，肯定也是泡茶用水的首选。

## （一）潮州西湖处女泉

在潮汕地区，最有名且屡为名人吟咏对象的名泉，当数潮州西湖处女泉。

对处女泉的咏叹，最早见于开创潮汕近代新学先声的晚清台湾爱国人士丘逢甲诗中：

曲院春风啜茗天，竹炉榄炭手亲煎。

小砂壶瀹新鹧嘴，来试湖山处女泉。

在曲径通幽的小院子里，温暖轻柔的春风拂面。在这品茶的好时节里，诗人把榄核炭放入竹炉里，准备用小紫砂壶冲泡新采制的凤凰水仙茶，品试这取自西湖处女泉的泉水。

潮州西湖一般指西湖以及其背靠的葫芦山（又称西湖山、银山），而处女泉就在葫芦山的东北麓。作家林树顺在其文章《西湖和山的故事》里描绘了处女泉的景观："……'处女泉'三个石刻大字十分醒目。处女泉泉洞如井，有三尺深，几级石阶，下面才是泉水，泉水极其清冽甘芳。"在国学泰斗饶宗颐先生的父亲饶锷老先生所著《西湖山志》中，谓此泉"深居幽谷，从不见人，正如处女，故以处女名之。时有游虾逐队而出，泉活故也"，讲述了处女泉名字的由来，也解释了泉水常流动的缘故。据说以前潮州古城常有老茶客到此处汲取泉水，用以冲泡工夫茶，茶汤甘甜可口。后来，有人在处女泉后的山前空地上开设了处女泉茶座，供游人在此烹泉品茗，休闲憩息。在"山倚湖苍翠，湖傍山青黛"的美景中，喝一杯色深香扬味酽的工夫茶，实属惬意，令人流连忘返。

　　有"岭南词宗"之称的潮籍学者詹安泰，爱茶如命，"茶吾所好日不离，卅年以此宽劳疲。"在其作品集《鹪鹩巢诗》收录的《余嗜茶成癖，或劝以多饮失眠，不改也，戏为长句自解》里，他提到："使从处女泉中取，潮州西湖处女泉水烹茶绝佳。团茶包贡何敢求？求之于水不无补。人言饮多要失眠，我觉诗清胜睡苦。"据其外侄孙陈椰撰文《"岭南词宗"詹安泰与潮州工夫茶》载，"对他（编者注：詹安泰）来说，喝茶能启逸思、助诗兴，失眠之苦又算什么？宋代佳茗'团茶''包贡'是不可求

处女泉现貌

了，但用小壶以及潮州处女泉泡出的茶，滋味能弥补这遗憾，一杯入口，思接古今，满怀是唐宋茶事，不亦快哉？"

如今的处女泉已看不到泉眼喷涌清泉的景象，"西湖二十四景"之一的"处女泉清"只存遗址。处女泉茶座也已停业多时。泉井前的大石头上，仍可见赫然醒目的"处女泉"三个红字，而下方原"芙蓉池"三个大字（见于丁诠收藏的1926年早春电影《白芙蓉》剧组在芙蓉池畔处女泉石刻前合影）则变成"凤栖泉"。

说起石刻，不得不提及葫芦山摩崖石刻：这个有"潮州历史的橱窗""书法艺术的长廊"美誉的景点。葫芦山摩崖石刻1962年就被列入广东省重点文物保护单位，现存石刻130多处，石刻年代自唐、宋、元、明、清至中华民国均有。笔者在处女泉附近发现一处摩崖石刻"鸿渐于磐"。语出《易·渐》："鸿渐于磐，饮食衎衎，吉。"磐，喻安稳之所。大雁

"鸿渐于磐"石刻

飞行渐进而至磐石之上，安享饮食和乐欢畅。值得寻味的是，鸿渐也是陆羽的字。陆羽在自传中称自己不知所生，3岁时被遗弃野外，竟陵龙盖寺（后改名为西塔寺）僧智积在水滨拾得而收养于寺。长大以后，陆羽以《周易》为自己占卦，得"蹇"之"渐"卦，曰"鸿渐于陆，其羽可用为仪"，于是用它们分别作为自己的姓、名和字，姓陆名羽字鸿渐。

### （二）潮州甘露泉

潮州甘露泉位于潮州市潮安区甘露寺旁。

甘露寺在潮州市潮安区境内的桑浦山狮子岩半山腰，是潮汕最大的天然石窟寺。《海阳县志》载，该地"前为玉简书院，后改甘露寺"，"相传有孝子庐墓而甘露降，故名"。该寺始创年代不详，据寺中石刻可考，明朝万历四十八年（1620年）由潮州知府贾宝悌修造。寺门由三块巨石叠成一个"品"字，门额上"玉简书院"陈迹可辨，"甘露洞天"勒石犹存。寺顶由一块凌空飞出的巨石所覆盖，该石其平如削，其固如磐，蔚为奇观。寺壁摩崖石刻有句赞道："甘露禅寺缥缈云中，天然石室鬼斧神工。"寺中依石凿就弥勒佛坐像一尊，袒胸露臂，大肚深脐，神态自如，

甘露寺石碑和摩崖石刻

甘露泉

造型优美，雕像高2.55米，宽4.15米。关于这尊佛像，坊间还有个广为流传的故事，俗语称"梅林湖沉船，甘露寺出米"，比喻有失有得。梅林湖在甘露寺西南约10公里处。相传古时的梅林湖经常有运米的船只沉没，而甘露寺中石佛的脐眼却常出米以供客餐。后有贪心的僧人凿阔其脐，米遂不出。寺北有泉"秋冬不竭"，古称"甘露涌泉"。时至今日，甘露泉仍有泉水涌出，寺中居士和香客游人常用它来冲泡工夫茶。

### （三）饶平岭头古甘泉

饶平岭头古甘泉位于潮州市饶平县浮滨镇坪溪至浮滨公路分进岭头村的三岔口。

岭头村民深谙"水土相宜茶自佳"的道理，用岭头古甘泉泡岭头茶早已风靡邻里茶客。有人作过对比，同一套风炉薄锅仔，同样的炭，同样的火力，用一般泉水，煮沸时砂铫盖随着水蒸气上升跳动的次数最多是13

村民在古甘泉前取水

次，而用岭头甘泉来煮，砂铫盖要跳动15下。其中奥妙无从考究，想必和水的密度有关。前岭头村支部书记许木榴也曾作过小测验，取回一军用水壶甘泉，称重后发现竟比一般泉水重出一两有余，其结论是水中可能含有多种有益人体的矿物质。

甘泉又称宋帝泉。相传，宋少帝赵昺南逃经过这里，又累又渴，倒在路旁动弹不得。前不着村后不着店，这可急坏了丞相陆秀夫。他双膝跪地祷告后，拔出宝剑刺进路边石壁，立即有一股甘泉喷涌而出，群臣尽情饱饮，可以说是甘泉救活了宋少帝君臣百余人。后人为了纪念它，就在这里建造一座庙，名曰"甘泉古庙"，庙里供奉宋少帝和丞相陆秀夫的塑像。从此以后，庙旁水潭里有几颗金子般的沙子跳动着，涌出琼液玉浆般的甘泉，泉洞深处有四个泉眼随着春夏秋冬的季节变化而自动轮流转换，非常奇特。驿道从古庙前经过，过往的人经过这里，都会驻足停留，捧一掬甘泉解渴，小憩片刻。相传还有位嗜茶如命的老茶客，临终前一定要喝上一口用甘泉泡的浓茶，儿子们给他泡了三杯，老人喝了一口，咂咂嘴说，这不是岭头甘泉泡的，久久不肯"上路"。儿子无奈，只好翻山越岭来到甘泉古庙取水为父亲泡茶，了却他最后的心愿。

古甘泉旁立着书有"古甘泉 甲戌春立"字样的石碑。泉水从井底汩汩涌出，清澈透明，甘甜可口，四季不断。多少年来，不只岭头村的村民喜欢来这眼古泉里取水，用来泡茶煮水煲汤，岭头周边如潮安凤凰，意溪河内，饶平钱东、樟溪、浮滨、浮山圩的老茶客，也经常远道而来，取此甘泉泡茶，只因泡出来的茶味有其独特之处。

## （四）澄海"四大名泉"

汕头澄海，"红头船"的故乡，是明清时期潮汕人漂洋过海的古港口所在地。这里濒临南海，丘陵幽秀，景色秀美，名泉处处。甘醇的泉水是远涉重洋游子的命脉，秦牧大师（澄海樟林人）有诗句云"万里穿云燕，归巢恋旧枝，家乡甜井水，何处不相思"，表达了潮人世世代代对故乡水怀着极其浓郁的眷恋之情。在澄海境内，龙泉、虎泉、狮泉、象泉，自古是世人称誉的"四大名泉"。

广东省开展水源水质调查时，曾对这"四大名泉"定点采样检验分析，分丰水期和枯水期取样，水中的铁、锰、铜、铬、锌、铅、砷、镉、氟化物以及硝酸盐、氨氮等均为"零"。细菌总数及大肠杆菌指数等各项物理指标，均符合国家制定的各项生活饮用水卫生质量标准，水质极其优良。如今，还被人们用来作为泡茶用水的只剩下龙泉和象泉。

1. 澄海象泉（井仔泉）

澄海象泉位于澄海区东里镇象鼻山，又称"井仔泉"。按照当地村民的说法，井仔泉是因为外观像井而得名，而且是非常小、非常浅的"井"。

在井仔泉旁的牌匾上，刻有一篇作于清朝光绪十六年（1890年）的《樟林井仔泉记》，文章作者是清朝贡生、樟林下水门人陈瀣珊。文章中也描述了井仔泉的"浅"，"余樟人也常徘徊其间，览斯泉穷其来源，潜伏于垒垒之石缝中，石尽而泉始见焉……水之深仅可没踝，而清澈见底，味甘最宜烹茗"，也就是说井仔泉非常浅，可以一眼见底，只有脚踝深，但清澈甘甜，特别适宜用来冲泡工夫茶。文章中还有这样的记述："非特樟之人乐饮斯泉，凡客我樟者必思一尝以甘其味。"可见远在一百多年前，就不仅是本乡人喜欢来井仔泉取泉水饮用，连从外地来到樟林的人也要尝一尝井仔泉水。不仅如此，在当地还流传这样的说法：用井仔泉水煮饭，米饭特别可口；用它泡茶，即便是最普通的茶叶，也香气四溢；就连附近被泉水滋润过的菜地果园，种的菜结的果也不同一般。相传民国初年，在樟林古港附近天后宫的阔埕，曾有几个大水缸，专门盛放井仔泉

井仔泉

水，华侨或者出洋的人经常在水缸内取一点井仔泉水，带到异地他乡。据说这瓶井仔泉水被带到海外后，就会被倒入客居地的水井中。这样一来，侨居异国他乡的樟林人便可以时时饮用到井仔泉水，思乡之情也因此得到慰藉。直到现在，樟林一带也仍然保留着出外谋生或学子出外求学时携带家乡水或家乡土的习俗。

潮汕历史文化研究中心青年委员会委员杨映红说，原国立中山大学社会科学研究所的几位老师在1934年至1935年到樟林乡进行樟林乡土社会概况调查的时候，专门记录了当时樟林乡民出洋移民的情况。她回忆当时的描述大概是这样的：出外谋生的人，他们的行李非常简单，一张草席、一顶竹笠、一个竹篮、一瓶清水，还有若干干粮。杨映红认为，其中的清水指的应是井仔泉水。

樟林古港在清朝繁盛时期就有"樟林八景"，井仔泉就是八景之一。而直到现在，井仔泉水依然汩汩流淌。如今的泉眼已经藏身于水泥地面下，但源源不断的泉水还是通过水泵被抽入蓄水池，取水的民众只需要打开水龙头，就可以接到井仔泉水。


## 2. 澄海龙泉

澄海龙泉位于澄海区塔山佛井（又称龙泉古井）。

佛井凿于南宋绍兴年间，距今已近900年历史。佛井井壁由涧石垒砌，龙泉水从石缝中涓涓流出，经年不息，水质甘醇，居澄海四大名泉之首。清朝康熙二十二年（1683年），澄海知县王岱和僚属余龙等登塔山访羽梵上人时，僧人以佛井水烹茶待客，引得王岱和余龙赋诗纪事，于是有了"鸿渐茶分品""鹊舌新煮水，炉烟静热灰"的传世佳句。

上扼龙泉，下视曲涧。从佛井往下沿山径步行数十步，在凹入的山

佛井龙泉和石雕龙头现貌

坡里有一座龙王庙。相传古时海潮就在塔山脚下徘徊，龙王经常乘潮进山与诸佛谈经论禅，久而居于山中。后人建庙于此，作祈求风调雨顺之所，庙前有清朝举人蔡登邦所书"龙泉古迹"摩崖石刻，旁边还有一个石雕龙头。旧时泉水流经石缝从龙头涓滴而出的景象已不再出现，干涸的石雕龙头几乎被草木遮蔽。

### （五）揭阳风门古径山泉

揭阳风门古径山泉位于揭阳风门古径自然风景区内。

风门古径位于揭阳市榕城区炮台镇石牌村东南5公里处的桑浦山将军峰（又名一尖峰）与二尖锋之间的山峡，属于广东揭阳桑浦山省级自然保护区保护范围。乾隆《揭阳县志》称其为桑浦山"门户""锁钮"，曾是古代潮州府通往揭阳县的必经要道，这就是其名字的由来。风门古径的山泉水常年不断，水质清冽甘甜，当地民众经常来此汲水用以烹茶，不少附近居民家中的生活饮用水更是定期取自这里。山脚下接有水管，方便人们取水。在山脚轻易就能排起的"汲水长龙"里，接水的人高矮胖瘦老少皆有，储水的容器更是水桶水壶水瓶应有尽有。追求水质者会上山寻找泉眼

风门古径山泉取水点

取水。沿蜿蜒的山径前行，可见间或分布的泉眼，取水点基本没有标识，一般以正在取水或等候取水的人群分辨。据了解，除了本地人，时常有外地人驱车携桶到此处取水。

第
三
节

工
夫
茶
的
煮
水
技
巧

选择了好水，必须加以适度的烹煮，才能够泡出好茶。

## 一、把控沸腾程度，二沸为佳

潮汕工夫茶将冲泡前把握水沸腾程度的步骤称为"候汤"。翁辉东在《潮州茶经·工夫茶》的烹法中对候汤的步骤论之甚详。他先是引用了明朝园艺学家王象晋的《群芳谱·茶谱》里的"不借汤勋，何昭茶德"，强调好水对泡出好茶的影响。接着结合明朝黄龙德《茶说》与唐朝陆羽《茶经》的观点进行论述："汤者，茶之司命。"再次强调水对茶的重要性。"沸如鱼目，微微有声，是为一沸，铫缘涌如连珠，是为二沸，腾波鼓浪，是为三沸"，指出不同沸腾程度下水呈现的样子。"一沸太稚，谓之婴儿汤；三沸太老，谓之百寿汤（案：老汤亦不可用）。若水面浮珠，声若松涛，是为第二沸，正好之候也"，详细阐释水煮得太"嫩"或太

"老"均不适宜用来泡茶。引用赵佶《大观茶论》中"凡用汤以鱼目、蟹眼连绎进跃为度"，具体指出以水里鱼目和蟹眼大小的气泡连续上涌的程度为宜。又引用苏轼茶诗《试院煎茶》的"蟹眼已过鱼眼生"。最后总结道，"潮俗深得此法"，潮汕人冲泡工夫茶，都遵循这样的烹水之法。事实上，一沸水因未达沸点，确不宜冲泡；三沸水属长沸水，也不宜冲泡；取二沸水冲泡火候最好，其水温恰好在100℃。

社会的发展和科学技术的进步，也给茶叶品质的感官鉴定带来了新的长进。一些茶叶理化检验的科学研究，通过量化的分析，科学地证明和解释了古人的经验性论断。煮水之所以应达到沸滚而起泡为度，是因为用这样的水冲泡茶叶，才能使茶汤的品质更多地发挥出来，水浸出物也溶解得更多。水沸过久，使溶解于水中的空气全被驱逐，用这样的水冲泡茶叶，则将失去像用新沸滚的水所泡茶汤应有的新鲜滋味。而用没有沸滚的水泡茶，茶叶的水浸出物不能最大限度地泡出。所谓水浸出物，是指茶叶经冲泡后茶汤中所有可检测的可溶性物质，其含量在一定程度上可以反映茶叶品质的优劣。中国农业科学院茶叶研究所王月根等人的实验数据显示，以100℃的沸水冲泡出的水浸出物为100%，80℃热水的水浸出物泡出量为80%，60℃温水的水浸出物泡出量只有45%。沸水和温水冲泡茶叶后的水浸出物含量相差一倍以上，游离氨基酸和多酚类物质等成分的溶解度与冲泡水温也完全呈正相关。

# 二、"砂铫续泉"巧运用

在工夫茶择器时，选用砂铫应注意其容量不宜过大。泡茶煮水讲究二沸水最佳，水煮得太"嫩"或太"老"均不适宜用来泡茶，而每一次砂铫加满水煮至二沸，刚好作为一泡茶的用水量。下一泡茶再继续添水烹煮，待新烧之水煮至二沸，上一泡茶刚好品饮完，又可再冲续杯。如此"砂铫续泉"，使得水不至于反复沸腾而失去鲜活度。应用到潮汕人日常生活中的煮水泡茶，如果使用的是大容量的煮水壶，可以每次少装点水，并在每一次煮沸、用水后，往水壶中加点生水，从而保持泡茶用水的鲜活度。

第五章

工夫茶之择茶

潮汕人爱茶，把茶叶称之为"茶米"，把茶与赖以生存的粮食等同起来，可见茶在潮汕人日常生活中的重要性。第二章"工夫茶的发展演变与概念"就总结了工夫茶茶品的共同特征：色深浓酽，性温和不伤胃，适合长时间品饮。正是潮汕人对工夫茶有着更清晰的理解，所以在茶品选择上也更有要求，具体如下。

## 一、色深浓酽

我们通过对潮汕工夫茶的历史发展和实际饮茶习惯的研究，知道工夫茶用茶是以乌龙茶为主的精制茶，如果对比在产区和在潮汕地区销售的武夷岩茶，我们就会发现它们的汤色和滋味是有很大区别的，在产区的武夷岩茶面对全国市场，大部分制作过程更注重香气，所以焙火比较轻，汤色橙黄明亮，滋味以清醇、醇和为主；而在潮汕地区销售的武夷岩茶，大部分经过本地的精制烘焙，其汤色相对较深，汤色橙红甚至红亮，滋味以浓醇、浓厚为主。

## 二、茶性温和

潮汕人有着"宁可三日无米，不可一日无茶"的情怀，喝茶基本上是从早喝到晚，餐前喝茶，餐后还会喝茶，客人来就要换新茶，这么大量的喝茶，潮汕人也没有出现太多的不适，主要的原因是茶性温和。茶叶通过高温烘焙，其内含的咖啡碱物质会随着烘焙的时间增长而减少，茶叶的刺激性也会减弱。

## 三、香清甘活

梁章钜是清代著名文学家，首倡以"香清甘活"四字论岩茶。梁章钜在《归田琐记》一书中对武夷岩茶有所评说，简述了武夷岩茶的历史及盛况，并描述了他与武夷山品茶高手静参羽士的一席武夷茶论。

一日晚上，他闲住天游峰上，暮色苍茫，祥云簇拥，万籁寂静，令人神怡。静参羽士与他围炉煮茗，慢斟细啜。静参曰茶分四等：一曰香，二曰清，三曰甘，四曰活。并释之，香而不清，则凡品也；清而不甘，则苦茗也；再等而上之，则曰活。"活"之一字，须从舌本辨之，微乎其微。简约之则为"香清甘活"。一宵夜话，传为经典。现代人品评乌龙茶时，均以此四字度之。

"活"是可以感受的：一是茶水入口甘甜清爽，下喉顺滑；二是茶汤橙黄显琥珀色，叶底软亮，呈绿叶红镶边或有红点。山场好、工艺到位的茶才有这种特征，茶界人也称之有"活性"。

乌龙茶鲜叶在采摘的时候要求有一定的成熟度，所以经过初制加工形成的毛茶，会有枝梗、黄片等存在，不能直接作为商品茶进行销售。毛茶需要精制加工，整理外形，调和内质，制成成品茶，而作为工夫茶用茶，乌龙茶在精制烘焙环节要求更高。

## 一、乌龙茶的精制加工流程

乌龙茶的精制加工，以"形状划一、质量纯净、统一规格、稳定质量"为主要原则，具体流程如下：毛茶→分级归堆→拣剔筛末→初焙→拼配→复焙→成品。

### （一）分级归堆

乌龙茶毛茶的分级归堆，主要是根据加工取料的要求，按照毛茶产地、品种、季节、等级等的不同分别归堆入库贮存，为毛茶的拼合付制打好基础。

#### 1. 按产区划分

乌龙茶的产区不同，其茶叶品质有一定的差异。高山茶的色、香、味通常比中低山茶要好，向阳坡茶园的品质要比背阴坡的好，所以不同产区的乌龙茶毛茶要分别归堆。例如潮州凤凰镇乌岽村所产的单丛茶有着特殊山韵，与其他低山茶园毛茶品质明显不同，应分别归堆。

2. 按品种划分

乌龙茶制作需要采用特定茶树品种的鲜叶作为原料，这也是乌龙茶具有香味各异品质特征的关键因素。福建、广东适制乌龙茶的茶树品种有很多，武夷岩茶有水仙、肉桂、大红袍、水金龟、白鸡冠、铁罗汉等，广东凤凰单丛有十大香型品种。不同的茶树品种，其叶型、干茶外形、内质都有明显的差异，应该分别归堆。

3. 按季节划分

同一茶树品种不同季节的茶叶，不管是六大茶类中的哪一类茶，春茶的质量一般较好，其条索相对紧结，滋味较为甜醇；如果是夏秋季节的茶叶，其条索则会疏松些，香气虽高但是滋味略有涩感。所以乌龙茶应该按照春、夏、秋、冬不同季节分别归堆。

## （二）拣剔筛末

手工挑茶　　　　　　　　　　　色选机分选茶叶

拣剔筛末就是将初制好的茶叶通过拣剔，去除茶梗、老叶及头尾，还要筛去碎屑，使外形更加均整、美观，口感更好。目前的主要操作方式有人工拣剔筛分和色选机分选。人工拣剔筛分是劳动密集型的工作，操作原始，要求筛分人员经验丰富，相对干茶成品率较高，但作业进度缓慢，成本也高。色选机选茶速度快，成本低，但是成品率相对低一些。

### （三）初焙

乌龙茶经过拣剔筛末后要进行第一次烘焙，民间俗称"走水焙"。主要是去除因拣剔造成的异杂味，同时减低茶叶含水率以利于后期保存，一般含水率控制在4%—5.5%。烘焙温度一般为85℃—100℃，时间为4—6小时，视茶叶情况而定。

### （四）拼配

拼配是乌龙茶精制加工技术的重要工序，对茶叶生产人员的专业水平要求很高，需要具备评茶和拼配经验。乌龙茶一般采用"多级付制，单级收回"，精品乌龙茶（如正岩名枞岩茶、古树单丛茶等）因强调其风味的独特性多采用"单独付制"。拼配的诀窍是"扬长避短、显优隐次、高低平衡"，我们要根据不同的生产需

传统炭焙坊

求进行拼配，从茶叶外形、香气、滋味、成本等角度综合考虑拼配方案，保证茶叶质量的相对稳定，提高茶叶的经济价值。

### （五）复焙

复焙，俗称吃火、炖火。复焙的作用不仅是进一步去除茶叶中的水分，以利保存，更重要的是通过复焙，保证茶叶的品质，改善茶汤的滋味。这也是乌龙茶精制烘焙的关键工序。现在复焙多采用传统炭焙和机器电焙，传统炭焙生产成本高，对烘焙人员的经验要求更高；机器电焙的生产成本低，但是其烘焙效果不如传统炭焙效果好。复焙的原则是低温、长时间。传统的炭火复焙，以手试稍感温热即可，复焙时间长达12小时以上，以出现焦糖香为度，称为足火。

## 二、乌龙茶的烘焙技术

烘焙技术是乌龙茶传统制茶工艺的一道重要工序，它不仅使成品茶含水量控制在3%—4%以便于贮藏，还由于茶叶受热后，会使茶叶的内含物质发生变化，增强茶叶特有的芳香。所以茶农有句谚语："茶为君，火为臣。"可见烘焙之重要性。通过传统炭焙工艺的乌龙茶汤色橙黄清澈明亮，滋味浓醇，回甘力强，耐冲泡。

### （一）精制烘焙的作用

#### 1. 降低含水量，延长保质期

茶叶中内含水分是茶叶内含成分进行化学反应和微生物滋长的基本条件。茶叶含水量高，其内含成分化学反应就剧烈，茶叶品质劣变就严重；含水量超过10%，茶叶还会发霉变质，从而失去饮用价值。另外，由于茶叶本身结构疏松，并且许多内含成分带有羟基等亲水基团，因而茶叶具有较强的吸湿性。经过精制复焙，能使茶叶的水分含量降为3%—5%，这样有利于茶叶的长期保存。

### 2. 去除异杂味，提高茶香气

初制茶中常常伴有臭青味、苦味以及储藏不当而带来的异杂味和陈味，通过一定温度的焙火，能使茶叶香气变得纯正。

### 3. 高温灭菌，降低农残

茶叶中存有微生物，如真菌，包括霉菌、蘑菇菌和酵母菌。霉菌是茶叶霉变侵污的标志，一般在160℃以上便可杀灭霉菌。另外，对含有对热敏感的残留农药的茶叶，可通过用高温烘焙促使降解和挥发，减少残留。

### 4. 形成烘焙乌龙茶独特的香气和滋味

为烘焙出茶自身传统的火功香，不同的地区对火候的要求不同，其风格有所不同。

## （二）烘焙的方法

目前的烘焙方法主要有木炭焙笼烘焙法（炭焙）和机器电烘箱烘焙法（机焙）两种。

### 1. 木炭焙笼烘焙（炭焙）

木炭焙笼烘焙是我国茶叶生产中具有一定历史经验的加工方法，是早期电力不足时所使用的茶叶烘焙方式。其操作过程

传统炭焙

繁复，包括炭焙起火、燃烧、覆灰、温度控制等，既耗时费力，又需专业性和经验，为一极不容易控制之茶叶烘焙方式。

### 2. 机器电烘箱烘焙法（机焙）

利用电烘箱烘焙茶叶，是目前我国使用最广泛的茶叶烘焙方式，不管是在茶厂还是茶叶商铺都很容易看到不同款式的电烘箱。电烘箱是利用电热丝加热，靠热风传导进行烘焙，其传热方式属于传导加热。因为电烘箱操作容易，烘焙的茶叶量也比较大，可以最多同时烘焙上百斤茶，烘焙效率高且品质稳定，省时省工，节约成本，所以此方法受到广大茶农的欢迎。

### 3. 炭焙和机焙的比较

炭焙是一项经验性的技术，因此造成茶叶的品质不稳定，不同的人不同的时间地点加工出来的品质不同；而机焙摆脱了这一问题，通过视觉操作就可以达到稳定的茶叶品质。在生产成本上，因为炭焙过程中所需的炭源为实木炭，其价格较贵；另外每次炭焙茶的量不能过多，这样就增加了茶叶单位成本。相比而言，机焙成本较低，并适于大生产应用。但是通过电烘箱烘焙出来的茶品质远远不及炭焙茶。炭焙茶香气持久，滋味醇厚回甘，不苦涩，喉韵明显，特别是其更加耐泡。

## 三、精制炭焙技术

有资料显示：木炭因为其独特的结构，具有超强的吸附能力，能自动调节湿度，对硫化物、氢化物、甲醇、苯、酚等有害化学物质起到吸收、分解异味和消臭作用；其产生的负离子有穿透能力，能净化空气，改善空气品质；木炭放射出的远红外线，能使物体产生微热。经过炭焙的茶品质远远优于机焙的茶，其特点是：条形紧结，色泽油润，汤色明亮，滋味鲜爽，有熟花香韵，回甘力强，耐冲泡，常饮有温胃、提神去滞、软化血管壁等功效。

## （一）炭焙茶原料

所谓"巧妇难为无米之炊"，没有好的茶胚很难焙出高质量的茶来，所以选择好烘焙的茶坯是炭焙的重要步骤。在实际生产中，一般认为春茶内含物丰富，品质较优，比较适合于精制烘焙，所焙出来的茶滋味醇正，较耐冲泡。有学者认为：在毛茶选择上，最重要的是在加工过程萎凋时走水要走得快，烘焙师傅对茶叶走水要很了解。初制工艺做得好的茶叶，后期炭焙相对容易呈现出好品质。

### 1."激素茶"不适合炭焙

叶面施肥或过度使用生产激素（植物生长调节剂）是当前在乌龙茶茶区部分茶农采用的茶园管理方式。部分茶农为了增加春茶产量，会使用"催芽剂"（如赤霉酸、芸苔素内脂等），刺激茶树大量萌发不定芽。不定芽的新梢长势弱，且因为缺少土壤中的营养盐，无法像正常新梢一样生长，容易形成对夹叶，叶面面积小，内含物质不丰富。于是茶农又使用另一种生长激素，让叶面增大，叶肉却更薄弱，内含物质更加匮乏。这样的茶叶原料，就算有良好的天气和高明的制作技术也是枉然。如果用来炭焙只会使茶叶内质更加淡薄。目前，植物生长调节剂在食品检验过程中无法被直接检出，所以在选择炭焙茶原料时要尽量规避。

### （二）炭焙技术要求

#### 1. 木炭的选用

烘焙用炭装炉木炭是否符合要求，是能否焙好茶的前提。炭焙过程采用的木炭必须是实木炭，在炭源的选择上，目前主要有相思木炭、龙眼木炭、荔枝木炭、杧果木炭等。不过相思木炭为有烟木炭，起火后烟味浓，不适合焙茶；荔枝、杧果木炭由于燃烧时有股特殊味道，比相思木炭稍好；龙眼木炭无烟，是目前最适合炭焙的材料。含泥沙太多的木炭，不仅炉火不匀，有时还会使土炉断头；炭头及竹枝、烟蒂等夹杂物在燃烧时易产生烟和其他异味，并易使路面所盖烟灰龟裂，造成火温不均。另外，装炭前最好将木炭打成大小均匀的木炭块，这样既易把木炭填实，又能使烘焙期间火温稳定持久。

#### 2. 炭焙炉的起炉和修炉

装炭时，要注意将炭填实，填均匀。炭堆要高出炉面一定的高度（约30厘米），点火后，要待燃至炭堆表面出现一层白炭灰时（即炭已烧透)，才可盖炭灰。盖灰前，先将炭堆修成面包形，并注意压实。盖灰时，炉心要盖厚些，四周薄些，即向四周逐渐修薄，并注意盖灰不要太厚，以防龟裂。

修炉时，前期宜将炭堆修成面包形，中期略修尖些，后期再修尖，并将所盖炉灰逐渐修薄。对温度较高的炉灰要盖厚些，温度较低的炉灰要适当减薄，以保证火温均匀适度。修炉要先用炉杯把四周的炉灰修向炉面中心，将炉脚压实，然后将炉灰修匀。由于修炉易使炭灰飞扬，所以这个工作要在焙茶前进行，以免影响茶叶质量。土炉燃至最后2—3天，最后逐步并炉火，以保持足够的火温。

### 3. 焙茶温度

在烘焙过程中，温度的掌握也称为火功。曾国渊认为：火功是促进福建成品乌龙茶汤味醇厚耐泡、香韵崭露的关键性工艺，福建精制乌龙茶火功的掌握应沿承发扬传统工艺，重视和研究烘焙工艺要素。火候实际作用是使茶叶内产生热物理化学作用的程度。火候能影响外形色泽、叶底汤色，影响茶叶泡水长短品质。火候掌握适当可以弥补茶叶品质的某些不足，掌握不当会降低品质，甚至成为焦味过失茶。特殊品种的茶叶，火候掌握恰到好处，能衬托特殊的香韵特征。

茶叶烘焙总是以文火长焙为好。其原则是：茶叶越高级越需文火低温长焙，而低档茶和茶头、茶枝炉温则可适当高些。一般来说，焙高档茶，焙笼温度以84℃—100℃为佳，中档茶100℃—110℃，低档茶110℃—120℃，茶头、茶枝110℃—130℃，时间都可比高档茶略短些。吉克温教授研究表明乌龙茶"吃火"过程，低温长焙能产生多种具高香的萜烯类化合物，从而构成乌龙茶的优雅香气。同时文火慢焙还能使成品香气敛藏，滋味醇厚、色泽油润、外表"起霜"，尤其以炭火低温长时间烘焙，对提高优质乌龙茶品质有极佳效果。

炭炉刚生火时，炉温高且生杂味，常用来焙茶头及低档茶，中期炉温较低且平稳，常用来焙高档茶。因为火温过高，茶叶芳香油挥发过多，固定作用减弱，香气降低，同时热化作用过激，一些可溶性物质会转化成不溶性物质，轻则使茶叶外形色泽枯暗，茶汤滋味变淡，重则产生焦味失香。实践也说明，茶叶的蜜糖香及其他一些香气的形成，常产生于低温长焙过程，低温烘焙还有促进糖的焦化作用，能使茶叶产生麦芽糖的香味。

## 4. 焙茶数量和时间

从炭焙技术上来说，不同的焙茶师，烘焙操作方法不同，主要是在焙茶数量、焙茶时间等有所区别。不同品种、不同季节、不同地区、不同发酵程度、不同等级、不同含水量，每个焙笼每次所烘焙的茶叶量和焙茶时间是有所不同的。原料粗细不同、新旧茶的烘焙要求亦不同，因为单丛茶和武夷岩茶的茶形比较疏松，单位重量的体积比较大，所以每次烘焙茶量可以较多。在武夷岩茶和单丛茶的烘焙过程中，焙笼每次加茶量约为8斤，每次烘焙时间根据茶叶的香气、外形来决定，正是"闻其香，观其色"，短则四五个小时，长则十几个小时，中间要视情况进行多次翻茶，使同一批茶烘焙均匀。铁观音为球形茶，单位重量的体积较小，平面内的间隙较小，所以每次不宜过多同时烘焙。福建有经验的师傅认为每次加铁观音茶量2斤左右最为适宜，易于控制，这样利用木炭燃烧产生热能，热能会像针一样有穿刺作用，可将茶叶焙入深层，渗透到叶茎里面，能将臭青味挥发出来，提高铁观音的香韵。这样的烘焙时间一般掌握在70—130分钟，视茶叶要求及茶况而定，中间只要翻茶一到两次。

## 5. 焙火的程度

焙火程度的高低要根据茶叶基本特性、销区习惯和消费者的特殊需要来掌握。我们一般把乌龙茶的火功分为轻火、中火和足火，但这并不是简单地根据焙火时间来区分，我们要"看茶焙茶"，火候的掌握要注意不同品种、不同季节、不同地区、不同发酵程度、不同等级、不同含水量而有区别，原料粗细不同、新旧茶不同火候，轻重程度亦不同，通常内质越好的茶越耐焙。不管火功高低，我们焙茶就要让茶吃透火，也就是"焙透"。

# 一、"茶中香水"：凤凰单丛茶

## （一）凤凰单丛茶的起源与发展

凤凰茶的生产始于何时，史无明文。相传南宋末代皇帝赵昺，逃亡潮州，途经凤凰山时渴极思饮，随手摘下几片茶叶塞进嘴里，津液顿生，甘香无比。从此凤凰山顶的这棵茶树便有"单丛宋种"之称。但这只是一种民间传说。

潮州茶叶生产的最早记录见于明嘉靖十四年（1535年）的《广东通志》初稿："茶，广之出西樵，韶之出南叶，潮之出桑浦者佳。"

清康熙二十五（1686年）饶平县知事刘抃纂修《饶平县志》载："粤中旧无茶，所给皆闽产，稍有贾人入南都，则携一二松萝至，然非大姓不敢购也。近于饶中百花凤凰山多有植之，而其品亦不恶。"清康熙四十二年（1703年），郭于蕃《凤凰地论》一书载："予自西至凤凰，见其山多种茶，干老枝繁而叶疏，询及土人，何以品种不一？山民答曰'世代相传数百年矣'，进而出侍诏茶，予饮之顿觉香气扑鼻，韵味特佳。"以上资料说明康熙年间，饶平县的百花山、凤凰山已经普遍种茶，且有一定的规模和盛誉。

其中"百花"，又称"待诏山"，即现时饶平的新塘乡待诏山，西石、顶厝、南村等村舍坐落山边。"凤凰"即今潮安县凤凰镇和大山乡的山地，其东面与待诏山相连，历史上属饶平县境，1958年因建设水库、电站，划归潮安县辖。

## 1."单丛"的早期文字记载

民国二十九年（1940年）刊发由刘超然、郑丰稔编写的《崇安县新志》卷十九记载："武夷茶共分两大类：一为红茶，一为青茶，然均非本山所产。本山所产为岩茶。岩茶虽属青茶之一种，然与普通青茶有别，其分类为奇种、名种、小种。至于乌龙、水仙，虽亦出于本山，然近代始由建瓯移植，非原种也。其中又有提丛、单丛、名丛之别；

《福建之茶》对"单丛"的描述

而名丛为尤贵。名丛天然产物，各岩间有一二株，岁只产茶数两。"这是目前可见最早关于"单丛"的文字记载。

1941年5月由当时福建省政府统计处出版的调查统计丛书《福建之茶》（唐永基、魏德端合编）在介绍青茶的一章中描述道："……岩茶产于武夷山，武夷山周围几百二十余里，以环境优良，制茶品质特佳，尤以产于三坑、二涧、二祠者更为绝品。武夷之中心茶岩，大者如天心、慧苑、竹窠、兰谷、霞宾等称曰正岩，与其相对而称者曰偏岩，产茶品质较差，此外产于武夷半山以上者曰半岩，正岩又有大岩和小岩之别，大岩皆有单丛名茶如天心岩之大红袍，慧苑岩之白鸡冠、瓜子金等，皆行隔离采摘与制造是为单丛奇种，或提丛奇种，其他正岩所产，其佳者为奇种，普通者为名种，产于半岩者曰小种……"其中"皆行隔离采摘与制造是为单丛奇种"是对单丛的采摘制作方法进行了简单描述。

1943年，福建省农林处农业经济研究室出版的第二号农业经济研究丛刊《武夷茶叶之生产制造及运销》，由林馥泉编著，被认为是在民国时期对武夷岩茶的研究集大成者和一部最完备的资料。其记载："所谓单丛奇种，即就正岩中茶园间选拔较优秀之茶树三五株或数十株，采时不与普通茶菁混杂，分别制造者。"从这里我们可以理解文中的"单丛"并不完全是指单株制作，而是"三五株或数十株"优秀茶树的鲜叶"单独采摘、单独制作"。那么潮州凤凰"单丛茶"的名称是否来源于此？

### 2. 乌龙茶制作技术源于福建武夷山

清康熙三十年（1691年），同安籍人士阮旻锡风尘仆仆来到武夷山，他入天心永乐禅寺，剃度皈依佛门，受赐法名释超全，步入念经侍佛、种茶制茶的佛界生涯。释超全对武夷茶极有好感，作有《武夷茶歌》长诗，其中有"嗣后岩茶也渐生"之句，又有"凡茶之候视天时，最喜天晴北风吹"，在《安溪茶歌》还有"溪茶遂仿岩茶样，先炒后焙不争差"的描写。岩茶名称由此而成，关键的工艺点也提到了，这便是岩茶即乌龙茶的起源。

清康熙四十七年（1708年），记录岩茶制作技艺第一人王草堂应崇安知县邀请，离开繁华都市，前来帮助修编《武夷山志》。其间他目睹武夷茶的制作过程，写下《茶说》一文，曰"茶采后以筐（当为筛）匀铺，架于风日中，名曰晒青，俟其青色渐收，然后再加炒焙"，"茶采而摊，摊而摇，香气越发即炒，过时不及皆不可。既炒既焙，复拣去其中老叶枝蒂，使之一色"。这描述了当时的制茶工艺包括晒青、摊青、摇青、炒焙等工序，与现在的武夷岩茶传统手工制作工艺基本相同。

著名茶学家陈椽教授在《中国茶叶外销史》中提到了1836年—1840年"英国输入中国茶叶花色一览"，记录了"广东武夷、福建武夷工夫、红梅、珠兰、安溪……"在这份清单中，广东武夷被列为一种茶叶，应该是当时外国人对广东乌龙茶的代称，一定程度上说明了广东乌龙茶的制作技术来源于武夷山。书中又记述"在19世纪中期，广州茶叶输出……运销欧洲、美洲、非洲及东南亚各地。如鹤山的'古劳银针'，饶平的'凤凰单丛'和'线乌龙'，河源的'烟熏河源'，都畅销国际市场"。由此我们理解为"广东武夷"就是指饶平的"凤凰单丛"和"线乌龙"。不过19世纪中期还没有出现"凤凰单丛"这个名词。


3. "凤凰单丛茶"名称的演变及释义

1935年的《广东通志稿》中讲到："黄细茶……制法将所采茶叶置竹扁中，在阴凉通风之处，不时搅拌，至生香为度，即用炒镬微火炒之，复置竹扁中，用手做叶，做后再炒，至干脆度，即可出售……"这里的制茶手法跟现代乌龙茶的制茶工艺基本一致，有乌龙茶的关键工艺——做青。这里的"黄细茶"也就是凤凰茶的别称。1943年《丰顺县志》记载："凤凰茶亦名水仙。又称鸟喙茶。"在1946年饶宗颐编撰的《潮州志》中，明确记载了凤凰茶焙炒两法兼用。1955年9月，在杭州市举办的全国28

个传统名茶评选中，经罗博鍒、庄晚芳、陈椽教授鉴别，认为"凤凰茶与福建岩茶虽各有特色，但色、香、韵味、耐泡力等都比武夷岩茶更佳"。黄茶—黄细茶—广东武夷—凤凰茶，潮州凤凰乌龙茶名称的不断变革，说明凤凰乌龙茶的产业不断发展并具有品质独特性。

凤凰茶叶收购站（韩荣华供图）

黄柏梓先生在《中国凤凰茶》一书中提到"1955年凤凰茶叶收购站的收购牌价表就有单丛、浪菜、水仙等级之分"，这里"单丛"作为一种茶叶等级出现，也是潮汕地区最早出现有关"单丛"的史料。在茶叶产品收购中，不是所有凤凰茶树采制后都能成为单丛茶。虽然鲜叶都是单株采制，但只有毛茶达到国家原定收购单丛级别标准的为凤凰单丛茶，品质不符合单丛级别档次的为凤凰浪菜茶，品质再次的为凤凰水仙茶。

直至1958年《茶叶》杂志发表的《美丽的凤凰单樕茶》（原论文为"樕"），才第一次在学术层面有"凤凰单丛茶"的出现。其中写道："据当地老农谈'单丛之意是指在许多茶株里单独一丛'。在百年前，凤凰地区的茶农采制茶叶时，发现在千百株茶株中有一两株生得特别好……"虽然说"单丛"用潮州音表达的语义是"单株"，但这里的文字表述并不是单独一株，而是"单独一丛"及"一两株"。那么，我们可以确定凤凰单丛茶的"单丛"与武夷岩茶"单丛奇种"的"单丛"在词义方面是相同的。潮州制茶人在一定程度上参考借鉴了武夷岩茶的制作工艺和茶叶分类命名方法。

1959年广东潮州高级中学吴修仁发表资源勘查文章《广东凤凰山的單欉茶》（原论文为"單欉"）指出："有茶农专工培育的叫'单丛茶'。所谓单丛茶就是茶农在栽培过程中，如果发觉某株茶树由于生活条件的影响，而造成其茶叶有某一特殊的优美香味，就予以加工栽培和采摘烤制，单丛茶自采摘到烤制成产品都是单独进行，不予混杂……单丛茶因其香味可分为书兰香、肉桂香等10余个类型。"这里"单独进行，不予混杂"说明了单丛茶单株采制的特殊性，后面其解释单丛茶有十几个香型，又说明"单丛茶"不仅仅是一款茶，而是一类茶的总称。

从1983年汕头市林业局蔡义初发表的《汕头乌龙茶栽培技术》一文可以看出，当时凤凰镇所在的汕头地区主要品种还是色种、乌龙、凤凰水仙，其中"凤凰单丛是单株采、单株制，采摘时还要编号登记写上卡片，以免与其他茶混杂，保持各株单丛茶的独有山韵风格"。1986年，潮州凤凰单丛茶在国家商业部名茶品种评比中以99.85分获第一名，居全国十大名茶之冠。1990年由汕头市茶叶进出口公司潮州分公司生产的金帆牌凤凰单丛被商业部评为全国名茶。1991年阿朋发表在《农业考古》02期的文章《潮州名茶——凤凰单丛》指出："所谓'单丛'，并不是独一无二的一株，而是指那些经过多年品试后，鉴定为具有各自不同的自然花香味的茶树，收获

凤凰茶叶收购站挑茶工（韩荣华供图）

时分别不同的植株和风味，实行单株采摘、单株初制、分级销售的特等名茶。"这些历史资料都表明了从1955年到20世纪90年代前后，凤凰单丛茶形成的基本共识还是"单株采制"特等名茶的总称。

1988年12月，广东省农作物品种审定委员会审定凤凰单丛为省级茶树品种，这是继1984年全国茶树优良品种审定委员会认定凤凰水仙为国家优良品种（华茶17号，编号：SCT 17）后的重要事件。专家们认为：凤凰单丛茶是从凤凰水仙群体种分离选育而成的。原华南农业大学茶学系陈国本教授在对凤凰茶史进行研究和实地调研后，提出了凤凰单丛茶演化形成途径为：凤凰水仙群体衍生"单丛"（有性植株），单丛又衍生"株系""品系"和"品种"（无性系）。

潮州市林业局梁祖文在其文章《潮州市凤凰名茶商品基地"七五"期间建设成效》中讲述了1986—1990年五年间茶产业取得的主要成绩，其中有"改革单丛茶单丛制作为群体制作，提高了工效"。这说明单丛茶的规模化生产从这个阶段开始，随着茶树良种的繁育，凤凰单丛茶不再是强调"单株采制"。

1990年以后，凤凰镇党委提出"茶园单丛化，单丛名优化"的号召，掀起了嫁接名、优、稀的茶树品种的热潮，这让凤凰单丛茶产业得到了快速发展。"凤凰单丛茶"也成为潮州市凤凰镇的茶叶区域品牌。2000年后，凤凰单丛的企业标准、地方标准、国家标准相继出台，目前最新的标准是潮州市市场监管局发布的DB4451/T1-2021《地理标志产品凤凰单丛（枞）茶》市级地方标准，其中明确了地理标志产品凤凰单丛（枞）茶的术语和定义、保护范围、环境要求、栽培管理、加工工艺、质量要求、试验方法、检验规则、标志、标签、包装、运输、贮存和保质期，并附上了凤凰单丛（枞）茶地理标志产品保护范围图、凤凰单丛（枞）茶栽培技术、凤凰单丛（枞）茶采摘技术。其中给出的概念如下。

凤凰单丛茶，是在地理标志产品保护范围内的自然生态环境条件下，选用凤凰水仙分离、育成的品系、品种，按照传统加工工艺制作而成，其有自然花（果）香及丛韵、蜜韵的乌龙茶，其成品茶常按各自独特的自然花（果）香特征命名如：黄栀香、芝兰香、玉兰香、蜜兰香、杏仁香、姜花香、肉桂香、桂花香、夜来香和茉莉香等。

### （二）凤凰单丛茶的产区情况

凤凰茶区位于潮州市北部山区，东邻饶平、北连大埔、西界丰顺，海拔350—1498米，四面青山环抱，山脉纵横交错，地势自东北向西南缓缓倾斜。境内群峰竞秀，万壑争流，凤凰山主峰凤鸟髻矗立在境内，海拔1497.8米，是潮汕地区第一高峰。这里属南亚热带季风气候，素有"冬春不严寒，夏暑无酷热"之称。具有山高日照短，云雾雨量多，冬寒来得早，春冷去也迟，盛夏无酷暑的天气特点。全年气候分明，历年平均气温为19.3℃，最高气温为35.6℃，年平均降雨量2119.7毫米。

1. 凤凰茶区的土质情况

凤凰茶区的岩层为中生代侏罗纪兜岭群中酸性火山岩系和燕山三期花岗岩与后期岩脉入侵和新生代第四纪河流冲积、洪积地

凤凰老照片（韩荣华供图）

层。岩石风化较深，物理风化发育，滑坡、崩塌及冲沟等较为常见。侏罗纪的花岗闪长岩因含黑色矿物多，易风化，风化层厚约6—10米，主要分布在凤溪水库、凤凰水库及凤凰溪两侧地带。燕山三期花岗岩为黑云母花岗岩，粗粒结构，在凤鸟髻、万峰山、乌岽山等广泛出露，大质山还有花岗斑岩分布。

这里广泛分布着山地红壤土和黄壤土，有机质含量低，一般为1%—2%，pH值为4.5—6，耕作层较厚，通常为10—20厘米，微酸性的土壤为茶树提供了物质基础。凤凰镇山地红壤土和黄壤土的水平分布与成土母岩有密切关系，西北部地区是粗晶花岗岩母质发育的山地红壤土和黄壤土，面积较大；以东地区为片麻岩、花岗闪长岩发育的山地赤红壤土。


## 2. 土壤的垂直分布

海拔700米以上为黄壤、花岗岩发育，以乌岽—狮子头，春嵝—笔架山，凤鸟髻—万峰山以及大质山—南岭为主，面积为55050亩；

海拔700米以下为片麻岩红壤，以老君溜—东郊、西坑山—凤北，万峰山—尖子山一带为主，面积最为广大，达10.2695万亩；

海拔500米以下为花岗内长岩发育的赤红壤，以棋盘—石古坪—乳古山—凤凰圩为主，面积约4.3634万亩；

水稻土仅分布在凤凰溪两岸河谷盆地及若干小谷地，为凤凰镇的耕作区，一般为红黄泥田和赤麻红泥田，面积1.1086万亩。

在凤凰茶区，一般认为凤凰单丛茶的品质与海拔高低有一定的关联性，海拔越高，茶叶品质越好。综合上面的土壤垂直分布情况和凤凰单丛茶不同海拔茶质情况，我们依据山地海拔高度，将海拔700米以上种植生产的单丛茶定为高山茶，以凤西大坪村为中高山分界线；将500—700米之

凤凰单丛核心主产区

间种植生产的单丛茶定为中山茶，以凤溪水库为中低山分界线；将500米
以下茶园定为普通茶园。

### （三）凤凰单丛茶的制作工艺

凤凰单丛茶的品质是由多方面因素完美结合而形成的，可总结为天、
地、人三个方面。

天：指季节、气候、天气（通过冬季的长期休眠，春季树体物质丰
富，春茶滋味最好；秋高气爽，秋茶香气最高；雨季不宜做出好茶，南风
天也不容易做出好茶）。

地：指地理环境，包括海拔、地形、地势、土壤理化性质、生态环境
条件、茶树品种等（单丛茶生产有明显的地域性，茶树品种也有适制性的
问题）。

人：指有关人为的因素，如人的种植、采摘技术、管理水平、机械设备等生产条件。

单丛茶的优异品质，除了优越的自然环境条件、独有的品种资源、精细的栽培技术外，与其独具的加工工艺密切相关。

单丛茶与安溪铁观音、武夷岩茶的制茶原理相同，都是通过萎凋与做青，促进走水，将梗脉中的有效成分输送到叶肉细胞，参与其化学变化，转化为香味物质，同时促进叶片局部进行酚类化合物酶促氧化聚合，再通过杀青停止酶促氧化，并以烘焙完成内质变化。但三者具体加工方法略有不同。

### 1. 鲜叶采摘

适时采摘是制作单丛茶的基础，鲜叶要有一定的成熟度，即新梢芽头形成驻芽，以中开面二三叶品质较好，内含物质较丰富，多酚类、氨基酸等较适宜，成茶香气清芳持久，滋味浓醇甘爽。

各香型单丛的采摘顺序：蜜兰香最早采摘，一般3月中下旬就可以采摘；其后是杏仁香型的"锯剁仔"；再者是桂花香型、芝兰香型、黄枝香

留叶采

乌崀村采茶场景

中开面成熟芽叶

| 时段 | 时间 | 特点 |
|---|---|---|
| 早青 | 10:00之前 | 含有较多露水，成茶品质较差 |
| 上午青 | 10:00—13:00 | 露水消失，制茶品质优于早晚青 |
| 下午青 | 13:00—16:00 | 原料干爽，有充分晒青时间，成茶品质优异 |
| 晚青 | 16:00之后 | 错过晒青时间，制茶品质欠佳，但优于早青 |

型等；八仙单丛最迟，也被称为"收山茶"。

采摘单丛茶要采用"留叶采"方式。茶树上必须保持一部分新叶，以维持光合作用，且留下的叶片叶腋间都有一个侧芽，以增加下一轮芽叶的数量，保证持续增产。过度采摘会导致茶树生命力的降低。

## 2. 萎凋（晒青）

萎凋是形成香和味的基础，晒青是单丛茶萎凋的一种重要方法。通过阳光照射，使茶青中一部分水分和青草气散发，提高叶温，增强茶多酚氧化酶的活性，促进茶青内含物和香气

竹制水筛晒青

的变化，为后续做青的发酵过程创造条件。这是单丛茶优异品质形成的第一个环节。

中高山茶和单株古树的晒青一般选用竹制水筛晾晒，将鲜叶薄摊于水筛上，让阳光充分照射，不宜翻动。

纱网铺地晒青

低山茶或者大宗茶叶制作一般选用纱网铺地摊放晒青。

凤凰单丛晒青，要求在下午阳光不太强烈时进行，以下午3：30—5：30，气温22℃—28℃为宜，晒青时间20—30分钟，晒青失水率控制在7%—10%。其标准是以叶片失去光泽，鲜叶基本贴筛，拿起时芽枝直立，端叶下垂为佳。所以在晒青过程中须根据鲜叶的形态、叶质、光线强弱、气温高低来综合分析判断。

单丛茶萎凋与红茶不同，水分的丧失比红茶要轻，减重率8%—15%，单丛茶的萎凋过程中，叶和嫩梗的水分不均匀，叶片失水多，嫩梗失水少。晒青结束时叶子呈萎凋状态。晾青时，由于热量散失，梗脉中的水分向叶片渗透，使叶子恢复苏胀状态，为做青创造条件。鲜叶在阳光的红外线和紫外线的作用下，叶温迅速提高，水分蒸发，酸的活性逐渐加强，促进了多酚氧化合物的转化和对叶绿素的破坏，同时对香气的形成与青气的挥发也起着很好的作用。据分析，单丛茶在萎凋过程中，水浸出物、水溶性儿茶素都有增加，氨基酸和水溶性糖也有所增加。

水浸出物和水溶性儿茶素含量的增加能使茶汤滋味浓厚，氨基酸和糖类的增加和控制，萎凋的适宜条件及适度标准，促使这些物质的转化形成，这对单丛茶品质的提高是很重要的。

3. 晾青

萎凋适度后，将2—3筛青叶并为1筛，然后将水筛移入室内晾青架上，让叶子散发热气，减慢水分的蒸发，使梗叶水分重新分布，恢复叶子的紧张状态（俗称"还阳"）。随着晾青时间增长，水分连续蒸发，叶脉和茶梗的水分减少，叶子又呈凋萎状态（俗称"退青"）。晾青时间1—2小时。

晾青过程中不宜翻动青叶，也不宜在高温或当风处晾青。待青叶还阳时为晾青适度，此时2筛并1筛，轻翻动后，堆成浅凹形，移入青间，准备做青。

晾青

4. 做青

单丛茶的做青又称为"浪青"，是形成单丛茶香高味浓品质的关键性工序，也是最关键、操作最复杂的工序。做青方法分手工和机动两种。

单丛茶的做青由碰青、摇青和静置三个过程往返交替数次完成。在做

手工摇青        机器摇青

青过程中要密切关注青叶回青、发酵吐香、红边状况，结合当天温湿度气候，看茶做茶。这需要制茶人员积累丰富的经验进行综合判断。

做青过程中，水分蒸发非常缓慢，失水也较少，摇青时随着水分的蒸发，推动梗脉中的水分和水溶性物质通过输导组织向叶肉渗透，运转，水分从叶面蒸发，而水溶性物质在叶片内积累起来，这是摇青时水分变化的特点。

老茶人称摇青过程是走水过程，也是以水分的变化控制物质的变化，促进香气滋味形成的发展过程。掌握和控制好摇青过程中的水分变化，是单丛茶控制的一个关键。做青中以水分的变化，控制物质的转化，促进香气、滋味的形成和发展，是做青技术的一个重要原则，也是调节制茶过程水分变化的主要目的之一。

首先要实现走水（还阳和退青）。做青叶通过振动作用，促进茎梗中的水分和可溶性物质一起经疏导组织往叶肉细胞组织输送，从而增加叶片内有效成分的含量，为乌龙茶味浓耐泡提供物质基础，并由此而改变了叶片原有有效成分的比例，为制成滋味醇厚、香气高长的乌龙茶准备了适量适比的基质。

其次，做青叶在摇动运转过程中，叶片边缘细胞组织逐渐损伤而逐步红变，由黄转红色，再变为朱砂红色。

再次，做青叶在摇青和静置过程中，叶片水分缓慢蒸发，内含物质发生着如同萎凋的化学变化。如叶绿体解体，叶绿素破坏，叶色由绿色转淡黄绿；蛋白水解酶活性增强，蛋白质水解，游离氨基酸增多。

走水、叶缘红变和萎凋的化学变化三者是相互联系的，走水是基础，没有走水就没有还阳，没有还阳也就不可能有单纯的叶缘红变。

碰青是单丛茶制作过程中的重要技术措施，为区别于武夷岩茶、安溪铁观音制法的重要环节。碰青手势要轻，手心向上，五指分开，勿贴筛底，轻捧叶片抖动翻滚。每次碰青结束，要将叶子作"凹"字形堆放好，使之均匀透气，叶与叶之间的温湿度基本一致。

手工碰青

碰青应掌握先少碰后多碰，先轻后重，时间2—6分钟，静置堆叶按照先薄后厚的原则，静置1—2小时，一般从晚上七八时开始碰青，一直到第二天清晨止，共需8—12小时。手势的轻重又依品种不同而异，对白叶型单丛品种要轻些，做青程度亦轻些，至二成红八成青；而对乌叶型单丛，则做青稍重些，即三分红，七分青。

做青过程判断叶子变化是否正常，以鼻闻为主，嗅到清香为优，浊者为次。第一和第二次做青叶散发出青花香、无青草气味；第三和第四次做青叶青花香较浓，并出现轻微的醇甜味；第五和第六次做青叶青花味减退，果花香增浓。做青结束时，清甜微青（即果花香味），制成的单丛茶就显花香。

青草气→青香气→青花香→清甜花香（特种自然花香）。

若带有蜜糖香，则单丛花香少而甜香重；若甜香气过浓，则说明碰青时手势过重或静置时堆叶过厚，叶子化学变化过度所致，成茶香低味淡，叶底死红不活，叶色枯；若青香大于甜香，是做青不足，汤味苦涩，香气低沉。

绿叶红镶边

做青适度时，叶子边缘达到二成红或三成红，叶脉透明（在灯光下照），叶面呈黄绿色，叶缘呈银朱红，叶形呈倒汤匙状，手触略感柔软，翻动叶子有"沙沙"的响声，香气浓郁，含水量一般为65%—68%。

### 5. 杀青

杀青的目的是促使叶子在摇青过程中所引起的变化不再因酶的作用而继续进行。单丛茶的杀青过程中失水量比绿茶杀青失水量要少得多，只有15%—22%。

因单丛茶原料偏老，纤维素含量较多，叶质较硬，韧性较强，给制茶带来困难，

滚筒杀青

因此，单丛茶的杀青方法与绿茶也有所不同，采取高温、快速、多闷、少扬的方法来达到杀青的目的。单丛茶在杀青的过程中，在水热的作用下，内含物发生了一系列复杂的变化，如叶绿素的进一步破坏，叶子的青叶醛、青叶醇及正己醇等低沸点杀青臭气大量挥发，高沸点的芳香物质逐渐显现等。

杀青程度适度的茶叶具有悦鼻类似熟果香，这种香气的形成，必须要有做青的过程中形成的香气为基础，同时也必须要有高温杀青的条件。如果杀青温度低，杀青不足，则叶内水分不易蒸发，青气不能得到发挥，制成的茶叶外形不乌润，内质则汤暗浊，味苦涩，青气重，香气不高。但火温过高也不利，如温度过高会产生焦味。

揉捻

6. 揉捻

揉捻是形成单丛茶外形卷曲折皱的重要工序，由于原料比红绿茶老，揉捻叶含水量较少，因此必须采取热揉、少量重压、短时快速的方法进行。否则杀青叶冷却反变硬发脆，揉不成条，投叶多，时间长会产生水闷气。

干燥

7. 干燥

叶子经过揉捻后，茶汁外溢，物质转化还在继续。通过干燥散失水分，发展香气，并让各种水溶性物质相对稳定下来，以形成单丛茶特有的香气、滋味，易于贮藏，不再产生新的变化。

单丛茶的干燥在热力的作用下，茶叶中一些不溶性物质发生热裂作用和异构化作用，对增进滋味的醇和、香气的纯正有很好的效果。

烘焙作用对蒸发水分、固定品质、紧结条形、发展香气和转化其他成分、提高乌龙茶品质有良好作用。如岩茶毛火时，采用高温快速烘焙法，使茶叶通过高温转化出一种焦脆香味，足火后的茶叶还要进行文火慢炖的吃火过程，对于增进汤色，提高滋味醇度和辅助茶香熟化等都有很好的效果。

### （四）凤凰单丛古茶树资源

根据潮州市茶叶科学研究中心调查统计，现潮州市凤凰镇共有树龄100年以上的茶树14779株，其中树龄200年以上的4682株。潮州凤凰古茶树茶园位于凤凰镇的凤西和乌岽村，海拔约1000米，占地约10000亩，涵盖全镇约80%的古树资源。

古茶树由于资源的稀缺性，大部分还是遵循着单株采摘、单株制作、单株包装、单株销售的传统。古树茶的根系较发达，能够深入土壤深层或岩石缝获取矿物质成分，吸收丰富充足的养分，以内质丰富的最佳状态将区域的独特性体现出来，特殊的自然花香，特别的山韵滋味，特耐冲泡，十几遍而色、香、味不褪。古树单丛的魅力倍受茶客的喜欢，单株有限的产量也是古树单丛"单株销售"的重要原因，所以在潮汕地区才会出现以"条"为单位的茶叶销售，也就是整棵茶购买的意思。

目前，凤凰单丛古茶树比较受关注的有：

大庵"宋种"古茶树

1. 大庵"宋种"古茶树

大庵"宋种"古茶树是凤凰镇现

存最具代表性的古茶树之一，是乌岽中心沿村的老宋种大草棚单丛（1928年枯死）自然杂交的后代。它是生长在广东省潮安县凤凰镇大庵村海拔约960米的一棵古茶树，其树龄约有600年，树高约7米，树幅约6.8×5.6米，叶型长椭圆形，叶色深绿，是目前凤凰山冠幅最大、单株采摘产量最高的宋种母树。

其成茶品质特征为：条索紧结壮直，干茶色泽乌褐油润，汤色橙黄明亮，栀子花香高锐，滋味醇厚鲜爽，回甘强，耐冲泡，山韵馥郁持久；叶底软亮带红镶边。

在科学管养下，"宋种"单株干茶产量逐步提升，2022年春茶产量达到15斤。

"宋茶王"古茶树　　　　　　　　　"宋茶王"采摘场景

### 2. "宋茶王"古茶树

"宋茶王"生长在海拔约1250米的乌岽山桂竹湖村的山坡上，树龄有700多年。植株高大壮实，树高5.16米，树幅6.2×7.3米，树姿开展。主干分生6条分枝，分枝密度稀疏，最大茎围分别为67、58、50厘米。成叶长7.125厘米，宽4.137厘米，厚度0.308厘米，叶为长椭圆形，叶尖渐尖，叶面微隆，叶色黄绿，叶身伸展，叶质中等硬度。叶缘波状，锯齿细、浅、利，共25对。主脉明显，侧脉有7对。春茶萌发期是清明前后几天，发芽密集，芽色浅绿，无茸毛，采摘时间为谷雨期间。开花期在9月份，每年新梢生长1轮次，农历六月份起为新梢休止期。据茶树主人、凤凰单丛茶制作技艺非遗传承人文国伟介绍，"宋茶王"茶树产量为13斤左右，2019年为最高产量达13.8斤。

### （五）凤凰单丛茶年份茶

明崇祯进士周亮工《闽茶曲》云："雨前虽好但嫌新，火气未除莫接唇。藏得深红三倍价，家家卖弄隔年陈。"凤凰单丛喝老茶的习俗也是自古就有。

陈年单丛茶上品者，条索紧结乌褐，饮之香气四溢，有木香及陈香。汤色红艳透亮犹如陈年红酒一般。茶汤入口顺滑绵柔，醇厚甘甜，饮后润滑生津，喉韵明显，舌如泉涌。叶底厚实乌亮，青涩味全无。老茶耐泡度极高，泡至10多泡仍有余味，且越泡越甘甜。

## 二、国家良种：岭头单丛茶

岭头村茶园

岭头单丛，因其叶色比其他茶树的鲜叶更为黄绿而被称为"白叶单丛"，又因成茶具有蜜味和兰花香而被称为"蜜兰香单丛"，是目前全国范围内种植面积最多的单丛茶品种，也是单丛茶十大香型中产量销量最大的品种，广受消费者的喜爱。

岭头单丛出自凤凰水仙群体品种，1961年饶平县岭头村许木溜等人，在该村1957年种植的凤凰水仙品种茶园中，发现一棵特早芽叶黄绿的茶树，此后连续3年对这株茶树单独采制，样品经县、地等专家审评鉴定，认为该茶树质量稳定，具有花蜜香特点，品质达单丛级别，可与凤凰单丛媲美。

1981年经广东省农业厅审定将该株茶树单列为一个品种，定名为"岭头单丛"，1988年审定为省级良种并在全省茶区推广，在梅州五华、蕉岭、平远、兴宁等地广为种植，后又推广至福建、湖南、江西等省区。岭头单丛以特有的花蜜香味而著称。

1997—2001年岭头单丛茶参加第二批全国茶树良种区域实验，在2002年4月第三届全国农作物品种审定委员会第六次会议上，被审定为国家级茶树良种。

岭头单丛茶的品质特征：外形紧结尚直，色泽黄褐油润，具有独特的蜜韵，香气花果蜜香馥郁持久，滋味醇厚鲜爽，回甘力强，汤色橙黄清澈明亮，叶底黄绿腹朱边，耐冲泡，耐储藏。

2021年饶平县茶园面积12.682万亩，茶区主要分布在饶平县浮滨、新塘、上饶、饶洋、新丰、三饶、建饶、汤溪、东山、樟溪等中北部区域，年产量1.64万吨，年产值39.62亿元。饶平县是中国岭头单丛茶之乡、全国重点产茶县、全国无公害农产品（茶叶）生产示范基地县，岭头单丛茶曾于2013年获评"农业部农产品地理标志"，还曾获"潮州岭头单丛茶·岭南生态气候优品""大湾区最受消费者喜爱公共区域品牌奖"等荣誉。

# 三、中国奇种：石古坪乌龙

石古坪村位于大质山西面山腰上，距镇政府驻地东方向5公里，全村总人口约400人。大约500年以前创村，因该处石头多而得名。该村是凤凰镇一个少数民族——畲族村，茶园海拔在600—800米之间。

石古坪村

据《畲族族源、迁徙及盘瓠的新探索》《广东畲族研究》《中国名茶之旅》等众多资料记载：凤凰山是畲族的祖居地，相传隋、

石古坪乌龙

唐、宋时期，凡有畲族居住的地方，就有单丛茶树。而乌龙，正是凤凰茶树的品种之一。

石古坪单丛茶，有"中国奇种"之称，采用小叶单丛茶品种鲜叶加工而成。灌木，茶树树姿披展，分枝密，叶椭圆或卵圆形，叶色深绿，叶薄质硬脆，叶片有大小之别，小叶制成的茶叶品质稍优于大叶。成茶条索紧细，色泽砂绿油光；香气芬芳馥郁，含自然花香；味道醇厚鲜爽，山韵明显；汤色清澈亮丽，似绿豆汤；叶底匀齐鲜亮，叶边有一线红。

# 四、温肚茶：潮汕炒茶

翁辉东的《潮州茶经·工夫茶》里讲道："潮人所嗜，在产区则为武夷、安溪，在制法则为绿茶、焙茶，在品种则为奇种、铁观音。"其中的绿茶并不是像西湖龙井、碧螺春之类的名优绿茶，而是潮汕本地很有特色的炒青绿茶。

潮汕炒茶，在本地又被称为"炒仔茶""客家炒茶""客家炒绿"，主要分布在潮汕客家人聚集区，包括揭西、揭东、潮州登塘镇等地，最有名的是大洋炒茶、坪上炒茶、登塘炒茶等。其冲泡时茶水绿中带黄，茶香扑鼻，入口时香气饱满持久，回味则醇甘绵长，饮之能生津止渴，清腻消滞，适合胃寒人群饮用，又被称为"温肚茶"。

## （一）潮汕炒茶的制作工序
鲜叶→萎凋→杀青→揉捻→炒干→成茶。

## （二）潮汕炒茶的鲜叶特殊性
潮汕炒茶的鲜叶原料以特定乌龙茶树品种为主，如白叶单丛、梅占、黄旦、铁观音、毛蟹、金观音等。这些茶树品种的水浸出物、茶多酚和可溶性糖等物质含量相对较高。采摘标准区别于名优绿茶，要求有一定的嫩度，一般为一芽二三叶、一芽三四叶。

## （三）潮汕炒茶品质特征的主要控制因素
炒干是决定揭西炒茶品质的最后一道工序，是炒茶整形、固定茶叶品质、发展茶香的重要工序。通过长时间的炒干，最终形成"灰绿起霜"的干茶色泽和"高火甜韵"的香韵。

### （四）潮汕炒茶，可常温长期保存，越陈越珍贵

潮汕炒茶是目前国内少有的不用冷冻保鲜的绿茶，可常温长期保存；经过长时间的自然转化，其汤色会加深，滋味会变得更醇和，有明显的陈香。原产于20世纪80年代初广东省茶叶进出口公司汕头支公司的揭西炒茶，其干茶色泽较新茶更乌褐，汤色朱红，清澈明亮，陈香纯正，滋味醇滑有回甘，喝后让人回味无穷。《本草纲目拾遗》："三年外陈者入药，新者有火气。凡茶皆能降火，清头目。其陈年者曰腊茶，以其经冬过腊，故以命名。"广东茶科所乔小燕等通过研究得出：茶叶随着贮藏

揭西炒茶新茶（左）与四十年陈炒茶（右）的干茶、汤色比较

年份的增加，清除脂溶性自由基的能力显著增强，但清除水溶性自由基的能力与贮藏年份并没有表现出一定的规律性。贮藏15年以上的茶叶中还原铁离子的能力和清除脂溶性自由基的能力显著高于低年份茶。因为独特的保健价值，潮汕炒茶的销售价格也随着陈化年份的增加而升高。

## 五、特种名茶：蓬莱茗

"蓬莱茗"是由潮州市赤凤镇制茶名师李岳生创制的一种乌龙绿茶。汤呈莲花水色，吸之，清香甘醇，略带参韵，渐冲香色渐浓。

蓬莱茗干茶

古书云，早采者曰"茶"，晚采者曰"茗"。又因其少而高贵如仙品，故名蓬莱曰之茗。制蓬莱茗1千克，通常需茶心5万—6万个。"蓬莱茗"的制成须经过精选、见光、摇青、杀青、揉汤、烤干、起香、炒熟、轻霜等9道制作流程，每一道流程又有细则，每一细则均凝聚着李岳生的万千心血。他以茶为伴，如痴如醉。终于，他发现茶芽白天休眠，黄昏后往上长，夜间有时可蹿4—5厘米，并在芽心吐出一颗水珠，煞是好看。于是他断定，黄昏采摘的芽心香气最浓、养分最丰。他以此为突破，再经无数次的试制，"蓬莱茗"终于诞生，获如潮好评。1990年，李

潮州凤凰单丛制作技艺非遗传承人李俊贤炒制蓬莱茗

岳生受赤凤镇政府邀请，创办潮安县赤凤蓬莱茗茶厂，1993年获得潮安县人民政府颁发的潮安县科学进步奖，并被认证为蓬莱茗茶叶制作工艺的第一完成人。著名企业家李嘉诚先生品后盛赞："味香隽永，纯非凡品。"旅泰华侨赵卓强先生则说："此茶可称身价茶，适宜上宾。"

玉蕊晶莹碧芳昇
自臨韩水汲深情
敬君一盏扶明月
敢试韵蜜啜百钟

吾今去秋近八旬自青娥江山巖採製扶明序
庚辰辛卯吾生自得

吴南生题字

158

第六章

工夫茶之冲泡技法与茶艺程式

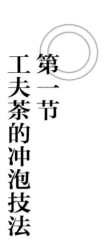

第一节 工夫茶的冲泡技法

# 一、执器基础手法

### （一）盖碗（瓯）手法

#### 1. 三指法

三只手指拿盖碗，常称"三指法"，是比较优雅、普遍的一种拿盖碗方式。碗盖倾斜，留出合适的开口大小（以不掉落茶叶的间隙为宜），食指右侧轻压在盖钮上，大拇指和中指分别握住碗沿两侧，无名指和小指自然弯曲并在中指边，不与碗身接触，盖碗出汤口与虎口相对，端起即可轻松出汤。

若长时间使用盖碗，手法可在三指法上稍作调整，拇指、食指、中指三指暂时保持不变，小指托住盖碗底足，无名指虚握，不触碰碗身，出汤后大拇指、中指根据烫手程度调整放开顺序，多在生活茶艺中使用。

## 2. 抓碗法

抓碗法是潮汕民间惯常使用的执碗手法，容易上手，但姿势较为粗犷，多以男子使用为宜。资深茶艺专家王琼老师在此基础上进行细节完善提升，使之更加高雅美观，此法称为"手容恭"。拿法要点是调整好盖子开口，双手端起盖碗，快速换手，右手四指托住碗底，拇指压盖，出汤的时候不让碗底朝向任何客人，让肩、肘、腕、骨、指都是松活随顺的。

## （二）茶壶手法

大拇指平捏壶柄，中指侧腹抵住外侧壶柄，无名指、小指搭在中指旁，形成自然弯曲的弧度，食指压在壶钮边缘，以不压住壶钮影响出水流畅，防止壶身倾斜过大壶钮掉落为佳。同时根据个人手部比例不同，食指也可退至盖眉，轻抵壶盖，轻巧端起茶壶。

### （三）茶杯手法

右手拇指、食指捏住茶杯边缘，中指轻托杯底，无名指、小拇指并在中指边，既稳当又优雅，手指似三条龙盘旋于鼎上，故称"三龙护鼎"。

### （四）砂铫手法

右手拇指在砂铫上方，食指、中指微曲托起砂铫后端，无名指、小指自然收拢，轻巧提起砂铫。

## 二、行茶基础动作

### （一）叠茶巾

茶巾可分为两种折叠方式，生活型茶艺折叠法和演示型茶艺折叠法，其中生活茶艺折叠法有三叠法和四叠法，演示型茶艺折叠法有八叠法和九叠法。

#### 1. 三叠法

从上向下折成3等份，另一边从下往上折，折叠成3份1/3，将单面有缝往下摆放朝自己方向，弧线对着品茗者。

## 2.四叠法

将茶巾分为4份4等份，先从上向下折1/4与中线对齐，从下向上折，上边与中线对齐。以中线为轴再对折，折痕弧线一边对着品茗者，有缝一边对着泡茶者。

## 3.八叠法

将茶巾分为4份4等份，两端往里依次向中线对折，再以第二次对折的中线为轴进行二次对折，折痕弧线一边对着品茗者，有缝一边对着泡茶者。

## 4.九叠法

在三叠法基础上，顺着单面的茶巾将其分成3等份，折叠1/3后，将已折叠的开口处掀开，将另一端往里折叠，形成正方形，折痕弧线一边对着品茗者，有缝一边对着泡茶者。

## （二）开、合茶叶罐盖

### 1. 茶叶罐开盖

左手握住罐身，右手拇指轻搭罐盖内侧6点钟位置，其余四指放在罐盖外侧，沿外侧转动盖子至打开。右手轻抬打开罐盖，沿向内、半圆弧线轨迹，将罐盖放于桌上，盖子内部朝上。

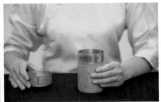

### 2. 茶叶罐合盖

左手握住罐身，右手拿起盖子向下翻转手腕，盖子内部朝下，沿向外、半圆弧线轨迹从12点钟位置回归罐身上方，右手合上罐盖，将茶叶罐放回原处。

## （三）开、合孟臣壶盖

### 1. 孟臣壶开盖

右手拇指、中指平捏壶钮，无名指、小指搭在中指边，食指压住盖钮，提盖压腕，手肘带动手腕沿6点钟位置向内呈弧线放置于盖置上。

### 2. 孟臣壶合盖

右手（左手）拿壶盖，抬起手腕离开盖置，手肘带动手腕沿向外呈弧线从12点钟（6点钟）位置放回壶盖。

## （四）开、合盖碗盖

### 1. 盖碗开盖

右手拇指、中指平捏盖钮，无名指、小指搭在一侧，食指压在盖钮上方，确保压住两个支点。抬起手腕，手肘带动手腕沿6点钟位置向外弧线移动，抬手腕碗盖右边向下倾斜，轻放于右下角。

## 2. 盖碗合盖

提起碗盖平行于盖碗3点钟位置，沿碗面向内弧线移动至9点钟位置，轻抬手腕，碗盖左侧朝上，右侧朝下，在9点钟位置合盖。

## （五）倾茶、炙茶

### 1. 倾茶

左手打开素纸置于食指、中指间，右手抚平素纸，拿起茶罐前后转动缓缓将茶叶倾出，放下茶罐。双手拇指在上，食指、中指捏住素纸对角将其放在茶盘左侧。

### 2. 炙茶

将砂铫移至隔热垫上，双手食指、中指捏住素纸对角，其余手指自然收拢，将盛着茶叶的素纸移至风炉上方10—15厘米处，以顺时针和逆时针方向交替作水平旋转移动，中间上下起伏一至二次，至干茶香清无异味即可，放回原位，将砂铫归至风炉上。

## （六）纳茶

### 1. 素纸纳茶

双手捏住两侧素纸往中间靠拢，右手一同捏住素纸，左手从下方托住素纸，食指、中指夹住素纸上方，拇指、无名指、小指自然并拢，水平移动至孟臣壶上方，左手倾斜15°，右手食指、中指缓慢拨动茶叶至壶内，拇

指、无名指、小指自然弯曲，回归胸前位置，双手将素纸折叠成正方形，移动至茶罐旁，左手握罐身抬起一角，右手将素纸放在下方，放下罐身。

### 2. 茶荷纳茶

左手拇指在内、四指在外从上方拿起茶荷回归胸前，右手从下方托住茶荷，左手回归中心（胸前），右手拿茶刮移动至盖碗正上方，缓慢倾斜茶荷，用茶刮轻巧将茶叶纳入盖碗中后双手

回归胸前，先将茶刮放回，旋转手腕将茶荷归位并呈倒扣状态。

## （七）温盖瓯

### 1. 温盖瓯

提砂铫移至盖碗正上方，定点注水至碗的1/3，砂铫归位。右手执碗盖按逆时针方向移动至9点钟位置，倾斜碗盖盖上。双手端起盖碗回到中心（胸前），左手保持不动，右手手腕转动，碗身从6点钟位置开始，依次向3点、12点、9点位置转动温润盖碗内壁

（即以6点为起点，逆时针转动碗身一圈），一圈后盖碗回正。

### 2. 盖瓯弃水

右手执盖碗，左手托住底部的圈足置于胸前，盖碗弃水。左手自然放置桌面，右手沿茶盘右侧弧线移动至茶盘上方右下角，将水倾出（女士手肘呈45°，男

士不高于90°或在同一垂直平面）。水倾出后，右手抬腕单次沥水，碗身回正，沿弧线收回盖碗，在茶巾上轻压，吸干碗底多余水分。双手托起碗身，顺势呈向外半圆弧线轨迹回归原位。

## （八）温孟臣壶

### 1. 温孟臣壶

提砂铫移至孟臣壶壶柄一侧，定点注水至壶身1/3，收水归位。右手盖上盖钮，端起孟臣壶回归中心（胸前），右手从6点

钟位置开始，按逆时针方向温洗壶身一圈后回正。

### 2.孟臣壶弃水

右手执壶，左手五指并拢，托住孟臣壶底部圈足，左手放回茶巾上方，右手沿向外、半圆弧线轨迹移动至茶盘内右下角，缓慢倾斜壶身至水全部倾出，右手

提腕单次沥水，施腕回正，沿向内、半圆弧线轨迹移动至茶巾上轻压，吸干壶底多余水分，随即归位。

## （九）温杯（烫杯滚杯）

3个茶杯摆放成向外的"品"字形，右手拇指、食指捏住若深杯的边缘，中指托住茶杯圈足，移动至另一茶杯右侧，松开食指，悬腕将茶汤倒入茶杯，杯口朝左，杯底朝右，中指指腹抵住若深杯的底足，大拇指平行杯沿匀速向上，轻巧拨动，滚动杯身，均匀洗净一圈即可，稍顿调整手势，拇指在内，食指、中指在外捏住茶杯边缘靠后部位，保证清洗过后的茶杯不再与手部接触，提起压腕让杯内水分倾出后在茶杯上方轻沥一下，顺势沿半圆弧线轨迹将茶杯放回原位。重复同样动作将其余茶杯洗净归位。

## （十）注水

泡工夫茶时常用到的注水方式有两种，分别为环圈高冲法和定点低注法。

### 1.环圈高冲法

右手提砂铫，从12点钟位置沿碗面按逆时针注水至6点钟位置，随即提高水线后缓慢降低至水及腰身，收水归位。此方法适用于初道润茶时和注重香气高扬、滋味清爽时（即重在品味茶汤香气）使用。

### 2.定点低注法

右手提砂铫，在7点钟位置定点低注（垂直碗盖的1/2以下位置皆为低注）至腰身，收水归位。此方法适用于冲泡滋味浓厚的茶汤时使用。

## （十一）祛沫

左手执壶盖，移动至孟臣壶左侧，从9点钟位置沿向内轨迹平刮壶口一圈，轻抬壶盖合上，右手执砂铫快速在3点钟位置沿向内轨迹淋洗壶身一圈除去泡沫，均匀收水，砂铫归位。

## （十二）分汤（关公巡城）

右手执壶移动至茶巾上方，擦拭壶底水分，沿向外、半圆弧线轨迹至茶盘右下角，呈45°倾斜茶壶倒出些许茶汤后水平移动至右上角茶杯，注入五分茶汤后按逆时针方向依次注满至七分，每过一个城门均停留一定时间，恰似关公在巡城门，故此过程也叫"关公巡城"。

## （十三）沥汤（韩信点兵）

壶身垂直定格在第一个茶杯上方，右手拇指、中指提起壶柄，使壶柄靠近掌心，抬手腕呈逆时针方向从右上角茶杯开始依次往三个若深杯中沥汤，重复两圈，将茶汤中所有精华尽数滴入杯中，使三杯茶汤均匀一致，称为"韩信点兵"。

## 三、奉茶与饮茶基础动作

### （一）奉茶

1. 品茗者围坐桌前，伸掌礼奉茶

根据桌面茶席布置位置，伸掌礼用手与风炉摆放位置相反，如风炉放在桌面右上角，则左手行伸掌礼，左手四指并拢，大拇指贴在食指边，掌心微蜷曲，从右往左45°行伸掌礼，定在茶盘左侧，面带微笑，示意"我的茶已泡好，请品茗"。

2. 品茗者站立，托盘奉茶

双手齐平，端奉茶盘于胸前，左脚开步，走至品茗者正前方。奉茶者行奉前礼，品茗者回礼。左手托茶盘，右手端杯。将茶杯放至品茗者手上，右手行伸掌礼，示意"请品茶"。端茶盘右脚后退一步，左脚跟上。

3. 品茗者坐于远方，托盘奉茶

端奉茶盘于胸前，双手平齐，左脚开步，走至品茗者正前方，间隔一

172

步行奉前鞠躬礼，左脚向前一步，行蹲姿礼，左手托奉茶盘，右手端杯垫放置于品茗者桌面，行伸掌礼，面带微笑，示意"请品茶"（潮汕话"请食茶"）。收手握在奉茶盘右侧，起身收右脚跟着并拢，右脚向右方后退一步，左脚并拢，奉茶完毕。

## （二）品茗

右手拇指和食指平捏茶杯边缘，中指托住杯子底部圈足，无名指、小指自然弯曲搭在中指边，犹如三条龙盘旋在鼎身，故得名"三龙护鼎"。端起茶杯移近，先观汤色，再分三口将茶汤喝尽，品饮完毕。

## （三）闻香

右手端茶杯，将茶杯移近，头微低，茶杯从脸颊左侧缓慢移动至右侧，品饮完后手腕轻甩茶杯两下，靠近鼻息处，深嗅审韵后将手放下置于胸前，微顿，抬手沿半圆弧线将茶杯归位。

# 第二节 工夫茶的茶艺演示程式

## 一、生活型工夫茶艺

### （一）生活型工夫茶艺用具

风炉、砂铫、茶盘、白瓷盖碗、三个若深杯、茶荷、茶刮、茶巾、茶叶罐。

### （二）冲泡流程

生活型工夫茶艺共有十道程序，分别为备器、温碗、投茶、润茶、滚杯、泡茶、分汤、沥汤、敬茶和品饮。

1.第一道：备器

如右图所示，茶席布置从左往右依次摆放为：左上角茶叶罐、茶荷、茶刮，中心位置放置茶盘及呈

外"品"字形摆放的三个品茗杯，茶盘下方放置茶巾，盖碗放在茶盘右下角，风炉、砂铫放置在茶盘右侧，泡茶者平视前方，面带微笑，示意："我已准备就绪，可以开始泡茶了。"

### 2. 第二道：温碗

右手执碗盖，开口约2厘米倾斜盖上，拿起砂铫往盖碗3点钟位置注水至腰身，保证碗身温度，端起盖碗将水倾出，使盖碗保持洁净。

### 3. 第三道：投茶

打开碗盖放置于底托右下角，左手拿茶荷、右手拿茶刮，用内投法轻巧往盖碗中投茶，完毕后依次将茶荷、茶刮归位。

### 4. 第四道：润茶

右手执砂铫移动至盖碗右侧，往12点钟位置沿向内轨迹、水平注水至6点钟方向，采用提铫高冲的手法再提高随手泡后缓慢降低注至水满，右手执盖钮倾斜45° 搭在盖碗

右侧边缘，待泡沫流净后倾斜盖上碗盖。端起盖碗，沿向外、半圆弧线轨迹走至茶盘，将盖碗开头部分茶汤倾斜倒至茶盘右下角，从右上角茶杯开

始，沿逆时针方向在呈外"品"字的三个杯子之间倾洒茶汤，最后定格在单独一个杯子上方待茶汤沥尽，抬腕单点一下盖碗回正，沿向内、半圆弧线轨迹将盖碗归位。

5. 第五道：滚杯

右手端起第一个茶杯垂直倒扣在右上角茶杯上，食指微曲，拇指指腹平行杯口，中指指腹抵住杯足，无名指、尾指自然弯曲搭在中指边，大拇指向外转动杯身一圈即
可。拇指、食指、中指握住杯身，提起茶杯抬腕单沥一下，将水分沥干后沿弧线将茶杯放回原位，重复滚杯方法将其余两个杯子清洗归位。

6. 第六道：泡茶

根据工夫茶用茶的不同风格可分为高香型和内质型，针对这两种风格，茶叶注水方式略有不同，以下方式可供茶友冲泡参考。

高香型（如清香鸭屎香单丛）——环圈高冲法

左手执碗盖，碗盖平行碗面垂直立在盖碗左侧，右手执砂铫，从12点钟位置沿碗面按逆时针注水至6点钟位置，随即提高水线后缓慢降低至水及腰身，左手在9点钟位置斜盖上盖子，放回随手泡，右手端起盖碗准备分汤。

内质型（如炭焙蜜兰香单丛）——定点低注法

左手执碗盖，碗盖平行碗面垂直立在盖碗左侧，右手执随手泡，在7点钟位置定点低注（垂直碗盖的1/2以下位置皆为低注）至腰身，左手在9

点钟位置斜盖上盖子，放回砂铫，右手端起盖碗准备分汤。

### 7.第七道：分汤

右手执盖碗，移动至茶盘右下角，将前端少许茶汤倾出，水平移到右上角第一个茶杯开始，沿逆时针方向往茶杯分汤，讲究低、快、匀，3杯均匀分至七分满。

### 8.第八道：沥汤

抬腕从右上角茶杯开始，沿逆时针方向分别向各杯单沥茶汤，手法讲究稳、准、匀，将茶汤全部沥尽，也叫"韩信点兵"。

### 9.第九道：敬茶

右手或左手手掌向上呈45°角，手指并拢，掌心微蜷曲，沿顺时针（逆时针）方向走弧线定格在茶盘一侧，敬请嘉宾品尝茶汤。如有主客，则主客为第一位；如无主客，可从主泡左手边第一位宾客开始，前三位宾客先行品饮，自己第二轮进行品饮，每次品饮完毕均需重复注水滚杯步骤。

10. 第十道：品饮

右手用"三龙护鼎"手法端起茶杯，端至鼻前细嗅，分三口啜饮完毕。

每次冲泡结束后需将茶具清洗归位、有始有终，保证桌面整洁。

### （三）品茗用语

冲泡工夫茶在潮汕话中常表达为"滴茶""咔茶""噜""食"在潮汕话中都是表达喝的意思，因此一般请人家喝茶，潮汕话可以说"请食茶"。

# 二、演示型（表演型）工夫茶艺

## （一）演示型工夫茶艺茶礼应知应会

茶艺礼仪是泡茶者对自身行为的规范和自我约束，包含仪容、仪态和文明用语等。

### 1.仪容

仪容指的是人的外表，包括容貌、发饰、服饰、表情等各个方面。

端庄、得体的仪容在接待过程中能够使宾客产生好感，从而提高工作效率。其中男士宜着长裤、长袖或短袖为宜，发式整洁，不蓄胡须。女士以盘发、淡妆为宜；着3—5厘米高跟鞋；衣服不宜过于宽大，袖子为短袖、七分袖或长袖，袖口选择紧袖口，不宜太宽松，不建议穿无袖衣服。裙子长度最短宜过膝盖，长及脚踝。手指、手腕不戴饰品，若戴配饰，以小而精为宜；手部保持整洁干净、不留长指甲。整体仪容要求干净、整洁、大方、得体为宜，面部表情自然、平和。

## 2. 仪态

仪态是泡茶者的举手投足，是一种无言的形象展示。如果在泡茶的过程中，上身倚靠椅子、跷着二郎腿、单手泡茶，难免给人一种不受尊重的感觉。因此无论男士女士，泡茶者的仪态都离不开日常生活中潜移默化的修炼，通过站姿、坐姿、行姿、蹲姿开始端正自己泡茶的态度，身正、优雅、稳重、不做作，使品茶也成为一种愉悦的、美好的享受。

## 3. 站姿

（1）男士站姿

身体中正，双腿与肩同宽，腰背挺直，双肩放松下垂，右手握拳平放在腹前，距离半拳位置，左手自然握拳放在腰背后，或右手握拳，左手握住右手腕，双手自然下垂。目视前方，保持端正，体现阳刚之美。

（2）女士站姿

身体中正，挺拔舒展，平视
前方，下巴微收，面带微笑。手指
自然并拢弯曲，呈虎口交叉放在腹
前，间隔半拳，左手内右手外，大
拇指微收固定不动。腰身保持挺
直，双脚呈45°（"丁字步"），双膝并拢，稳定从容。

4. 入座坐姿与起身

（1）左侧入座

男士站于凳子的左侧，脚尖与凳子前端平齐。左脚向正前方走一步，
右脚向右一步跨进椅子正前方，重心在腰部与臀部，双眼平视前方，左脚
跟上与肩同宽，上身保持端正，坐椅子的1/2处，双手呈拳头状轻搁在桌
面两侧。

女士站于凳子的左侧，脚尖与凳子前端平齐。左脚向正前方走一步，
右脚向右一步，跨进椅子正前方，重心在腰与臀部，双眼平视前方，左脚
跟上并拢，上身保持端正，双手并拢，掌心向内抚裙坐在椅子1/3处，双
手虎口相对自然放在大腿上或桌面。双脚并拢与膝盖呈90°摆放。

（2）右侧入座

男士站于凳子右侧，脚尖与凳子前端平齐。右脚向正前方走一步，左脚向左一步，跨进椅子正前方，重心在腰部与臀部，双眼平视前方，右脚跟上与肩同宽，上身保持端正，坐椅子的二分之一处，双手呈拳头状轻搁在桌面两侧。

女士站于凳子的右侧，脚尖与凳子前端平齐。右脚向正前方走一步，左脚向左一步，跨进椅子正前方，重心在腰与臀部，双眼平视前方，右脚跟上并拢，上身保持端正，双手并拢，掌心向内抚裙坐在椅子1/3处，双

手虎口相对自然放在大腿上或桌面，双脚并拢与膝盖呈90°摆放。

（3）坐姿

男士双脚与肩同宽，脚尖朝前，上身直立，双膝弯曲，坐在椅子1/2处，双手握拳自然放在大腿上或桌面。

女士保持茶艺站姿，右脚后退半步，腿肚碰到椅子边沿，上身挺直，双膝弯曲，双手五指并拢，掌心向内抚裙后坐在椅子1/3处，双脚并拢或前后错开与地面呈90°，双手虎口交叉，恢复站姿手势自然放在大腿上或桌面。

（4）起身（离席）

男士坐姿起立，若左脚先开步，右脚跟上，两脚并拢。左脚向后退一步，右脚跟上，两脚收拢。反之步伐方向相反。

女士右脚后撤半步，双手掌心向内抚裙起身，面朝前方双手恢复成站姿手势。左脚向左下方后退一步，右脚收拢，反之步伐方向相反。

## 5.行姿

男士行走稳重、刚毅，保持基本站姿的手部动作。左脚开步，步伐适当，上身正，不摇摆，目视前方，保持微笑，给人以亲切之感。

女士行走双手虎口交叉于腹前，手肘呈"V"字形摆放，左手在内右手在外。左脚开步，行走步伐不宜过大，平视前方，保持自然微笑，给人以轻盈之感。

## 6.蹲姿

蹲姿常适用于远距离奉茶环节，多适用于女士，这里主要以女士蹲姿作为讲解要领。左脚上前一步，右脚交叉于左脚后，右膝盖顶住左膝窝，保持上身中正挺直，膝关节弯曲，身体重心下

压，头、肩、腰呈一条直线，蹲姿高度与宾客视线平齐，不宜过高过低。起身时右脚先收，双脚并拢标准站姿。

## 7.鞠躬礼

鞠躬礼是我国的一种传统礼仪，也是很多国家常用的一种表达礼貌的方式。一般分为15°鞠躬礼、30°鞠躬礼和90°鞠躬礼。在茶艺中常以15°鞠躬

礼向宾客表达问候。男士以标准站姿为基础，以腰为中心，背、后脑勺呈一条直线，上半身前倾15°，稍作停顿恢复到站姿。女士在标准站姿基础上，上半身前倾15°，后脑勺、背、臀呈一条直线，双膝伸直，稍作停顿表示恭敬有礼，恢复站姿。

### 8.伸掌礼

茶艺师伸出左手，五指并拢，掌心向上，手掌幅度45°为宜，眼神平视宾客，示意"请食茶"，收手回正。

## （二）工夫茶艺二十一式标准冲泡程式

### 1.设席（备器置席）

将茶盘放在桌面中心位置，茶杯呈外"品"字放置在茶盘中间，"品"字头朝向泡茶者。茶盘下方放置折叠好的茶巾。最左侧放置竹栅栏装饰茶席，左上角放置

盛好茶叶的茶叶罐，下方压着折叠成正方形的素纸。茶盘右下角放置壶承及孟臣壶，孟臣壶壶嘴朝左水平摆放，茶盘右上角放置风炉，砂铫置于风炉上，右下角放置隔热垫，茶席布置完毕。

泡茶者坐姿端正，双手虎口交叉，左手在下，右手在上，放置于茶巾上方，面带微笑，准备行茶。

2. 生火（泥炉生火）

砂铫添水，竹薪点燃引火，用坚炭和榄炭生火，边用羽扇扇风快速引火，起火后将砂铫放置炉上，等待沸腾。

3. 净手（茶师净手）

双手移至左侧净手，用洁方巾擦拭水分，保持洁净。

4. 添水（砂铫续泉）

将砂铫从炉上移至隔热垫上，打开盖子放置于右下角，右手执水壶往砂铫中添水，以防泡茶用水煮得过老，再将砂铫移至风炉上。

5. 候火（羽扇拂炉）

右手执羽扇，在炉口处左右扇风催火，使炭充分燃烧至表面呈灰白色。

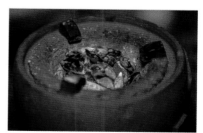

6. 倾茶（茗倾素纸）

泡茶者左手取茶罐移至胸前，右手旋转开盖，将盖子内部朝上放置于茶巾右侧，右手接过茶罐放置在盖子左侧，左手拿起素纸移至胸前，双手打开后置

于左手掌心，食指、中指夹住素纸顶端，右手抚平素纸，形成自然弧度。右手取茶罐将茶叶倾倒于素纸后放回右侧，双手将素纸放于茶巾左侧后取过茶罐交于左手，右手旋转合盖，将茶罐放回原位，双手沿原弧线归位。

### 7. 炙茶（炙茶提香）

将砂铫放在隔热垫上，双手提起素纸移动至风炉上方，以顺时针平移和上下垂直交替移动，使茶叶受热均匀，中间翻动茶叶一二次，炙烤至茶散发出纯正香气即可。

### 8. 温壶（沸汤热盅）

泡茶者右手执砂铫，左手揭壶盖平立一侧，砂铫往壶中注入1/3沸水后盖上壶盖放回原位。右手执壶回到胸前，左手微托壶底，从6点钟位置以逆时针方向温壶一圈，将水倒在茶盘右下角，等水全部倾出后沥干，双手执茶壶归回壶承上方。

### 9. 纳茶（乌龙入宫）

右手开壶盖放置于盖置上，双手将素纸两侧收拢在一起捏紧提起，左手托住素纸，食指、中指顺势夹住素纸，右手保持捏住素纸不动，将其移至孟臣

壶上方，右手食指、中指将茶叶有序投入壶内。纳茶完毕后回归胸前，将素纸折好放回茶罐下方。若干茶溢出壶身，可右手食指扣住壶柄，移动至胸前，左手五指并拢微蜷曲，轻拍壶身后归位。

### 10. 润茶（高注醒茶）

泡茶者右手执砂铫，左手开盖，将沸水沿壶内低注一圈后，提高砂铫注至水满溢出壶口。

### 11. 祛沫（淋盖祛沫）

泡茶者左手捏住壶盖，从9点钟位置按顺时针方向平刮壶口一圈，随即盖上壶盖，用沸水淋壶身一圈除祛茶沫后将砂铫归位。右手端起孟臣壶往品茗杯中均分茶汤，沥干后在茶巾上擦拭壶底水分，原弧线归位。

### 12. 滚杯（烫杯滚杯）

从"品"字头开始，沿逆时针方向依次滚动茶杯，使茶杯温热蕴香，依次洗完三杯后将最后一杯顺势倒入右侧沥干归位。

### 13. 注水（提铫高冲）

左手执壶盖，右手提砂铫拉高注水至降低收水。注水时不可断续，不可急迫，水满盖定。

### 14. 淋壶（淋盖追热）

左手盖上壶盖，右手从3点钟位置按逆时针方向淋洗壶盖一圈，追热壶身内外温度后将砂铫归位。

### 15. 分汤（关公巡城）

右手执壶在茶巾上擦拭壶底水分，行至茶盘上方右下角倾倒些许茶汤，顺势移至右上角茶杯，按逆时针方向往各杯低斟茶汤，茶量为杯子的七成满。

### 16. 沥汤（韩信点兵）

茶壶内茶汤将尽时，从右上角茶杯依次向各杯沥汤，手法要低、快、匀、尽，使三杯茶汤均匀一致，确保壶中茶汤沥尽。

### 17. 敬茶（敬献佳茗）

右手五指并拢，倾斜45度，沿顺时

针方向走弧线立于一侧，敬请嘉宾品尝茶汤。

18.闻香（细闻茶香）

三龙护鼎端起茶杯至鼻前，从左往右平移茶杯细闻茶香。

19.啜茶（三口啜饮）

分三口啜饮，吸气将茶汤啜入口腔，徐徐下咽，让茶汤与口腔各部位充分接触，全面感受茶汤滋味。

20.审韵（回味品韵）

品饮茶汤后，轻摇杯身，稍凉后移至鼻腔，细嗅杯底神韵。

21.谢宾（致谢嘉宾）

待宾客品饮完毕，将茶杯收齐放回茶盘上后，起身行鞠躬礼，谢宾退场。

## （三）潮汕工夫茶艺二十一式演艺程式表

| 1 | 设席（备器置席） | 8 | 温壶（沸汤热盅） | 15 | 分汤（关公巡城） |
|---|---|---|---|---|---|
| 2 | 生火（泥炉生火） | 9 | 纳茶（乌龙入宫） | 16 | 沥汤（韩信点兵） |
| 3 | 净手（茶师净手） | 10 | 润茶（高注醒茶） | 17 | 敬茶（敬献佳茗） |
| 4 | 添水（砂铫续泉） | 11 | 祛沫（淋盖祛沫） | 18 | 闻香（细闻茶香） |
| 5 | 候火（羽扇拂炉） | 12 | 滚杯（烫杯滚杯） | 19 | 啜茶（三口啜饮） |
| 6 | 倾茶（茗倾素纸） | 13 | 注水（提铫高冲） | 20 | 审韵（回味品韵） |
| 7 | 炙茶（炙茶提香） | 14 | 淋壶（淋盖追热） | 21 | 谢宾（致谢嘉宾） |

## （四）潮汕工夫茶艺二十一式演示参考解说词

　　潮汕素有"海滨邹鲁""岭海名邦"之美誉，其历史悠久、源远流长，至今仍保留着工夫茶的品饮形式，传承着"和、敬、精、洁、思"的核心精神。潮汕工夫茶艺，作为中国古代茶文化的"活化石"，沿袭了唐风宋韵，传承着时代之经典，随着潮人的足迹香飘世界。

　　谨以潮汕工夫茶艺二十一式茶艺表演，欢迎各位来宾。

　　第一式：备器置席

　　俗话说："器为茶之父。"潮汕工夫茶艺所用的茶具精致而讲究，其主要器具有：潮汕风炉、玉书碨、孟臣罐和若深杯。

　　第二式：泥炉生火

　　取下砂铫，往炉中加入榄炭，使水生幽香，经久耐烧。

　　第三式：茶师净手

　　将双手放入清水中洗净，擦拭多余水分，调整状态，准备行茶。

第四式：砂铫续泉

水为茶之母，泡茶用水以甘泉为佳。往壶中加入生水，使其香、清、甘、活，有益于发挥茶汤滋味。

第五式：羽扇拂炉

轻巧拂动羽扇，扇风助燃，使炭充分燃烧至表面呈灰白色，方可炙茶。

第六式：茗倾素纸

取茶叶罐，将茶叶倾倒于素纸上，所用素纸柔软透气，适合炙茶提香。

第七式：炙茶提香

将素纸移动至炉火上炙烤，交替拂动，使茶叶受热均匀，利于提香净味。

第八式：沸汤热盅

往壶中均匀注入1/3水量，随即合盖温壶，其目的在于提升壶身温度，益于激发茶香。

第九式：乌龙入宫

潮汕人所用茶品多为单丛茶，喜好香韵兼具。将茶叶有序置入壶中，提茶壶轻拍壶身，其用量占茶壶七八成满。

第十式：高注醒茶

用沸水沿壶口低注一圈，提高砂铫注水至满稍溢出。

第十一式：淋盖祛沫

提起壶盖轻巧刮去泡沫，沸水淋壶，有助于祛沫加热，使茶香充盈其中。随即倾出至杯中不饮，此过程也称为"润茶"。

第十二式：烫杯滚杯

又称"若深出浴，飞轮烫杯"，轻巧拨动茶杯洗净一圈后，将杯中水分沥尽，利于后续茶汤品质呈现，是潮汕工夫茶艺独特的温杯方法。

第十三式：提铫高冲

高冲起香，低注有韵，掌握得宜，才能香韵独到。

第十四式：淋盖追热

再次淋洗孟臣壶，提高壶身内外温度，有助于发挥茶汤品质。

第十五式：关公巡城

提壶依次向茶杯中低斟茶汤，每个茶杯犹如一个城门，每到一个城门需停留一段时间，使各杯茶量均匀一致，称为"关公巡城"。

第十六式：韩信点兵

将最后几滴精华尽数滴入杯中，目的在于均衡3杯茶汤浓度，点滴均匀，称为"韩信点兵"。

第十七式：敬献佳茗

行伸掌礼，敬请嘉宾细品尝。

第十八式：细闻茶香

"三龙护鼎"端茶杯，先观汤色金黄明亮，细闻茶香馥郁芬芳。

第十九式：三口啜饮

分三口进行品饮，一口为喝，二口为饮，三口为品。

第二十式：回味品韵

将杯底余汤点滴沥尽，轻扇茶杯后细嗅杯底余香，花香蜜韵回味悠长。

第二十一式：致谢嘉宾

演示完毕，复躬谢嘉宾。

潮汕工夫茶艺二十一式演示完毕，感谢观赏！

# 三、创新工夫茶艺的优秀案例解析

　　创新工夫茶艺从萌芽、定型、发展到现在，它的生命就在于不断创新与变革。它是在基础工夫茶艺的基础上形成的，具有主题性、地域性和艺术性的演绎方式。而潮汕工夫茶艺既要立足于创新发展，向世界证明自己的创造性、开放性、包容性，更要懂得坚守现实的、传统的、深厚的文化根基，在规则之下寻求自由的表达，在传承的基础上力求创新，我们可以通过明确的主题方向，借助泡好一杯工夫茶的演绎形式，一起讲好中国故事，弘扬社会正能量，传达人间真性情。以下选取茶艺竞赛中优秀创新工夫茶艺案例进行分享解析。

## （一）创新茶艺主题一：《茶香满溢·水布情长》
奖项：2018年广东省潮汕工夫茶艺师职业技能竞赛个人赛金奖作品

### 1. 主题思想
　　每一个老物件，都是一段历史的记忆，在粤东的潮汕地区，有一种物品是潮汕男人装束的特征，那便是浴布（也叫水布）。它是 20 世纪五六十年代潮汕男人出海过番的必带物品。创作者通过一张坐在水布上泡茶的照片引起联想，结合创作者父亲讲述的水布故事，将水布和工夫茶两者相联系，以《茶香满溢·水布情长》为主题，通过冲泡工夫茶来讲述并传播水布所赋予的深厚内涵，回忆潮汕先辈们艰苦奋斗的历史，弘扬先辈们自强不息、勇于拼搏的精神，并隐喻新一代年轻人需时刻牢记先辈们的过往艰辛，传承优秀潮人精神。

## 2. 使用器具

炭炉、提梁陶壶、朱泥茶盘、朱泥壶承、白瓷盖瓯、3个白瓷若深杯、3个方形竹杯垫、白瓷盖置、竹茶荷、竹茶刮、竹置、奉茶盘。

## 3. 演示流程

进场——温壶——赏茶、置茶——润茶——滚杯——泡茶——奉茶——致谢

## 4. 茶叶品名

凤凰浪菜。

## 5. 茶艺音乐

选用《梦回雨巷》音乐进行剪辑。

## 6. 茶席创作

茶席选用藏蓝色作为桌布整体基调，搭配潮汕传统"三宝"之一的"水布"作对角铺，呼应茶艺主题。水布凝聚着潮汕人民自强不息、勤俭朴素、艰苦创业的

《茶香满溢·水布情长》茶艺场景

精神，映衬潮汕人出海过番的艰辛，延伸的水布将整体视角扩大，并在一处放上贴有茶字红纸的桶，强调茶主题；奉茶盘一侧放着入场围在手腕上

的水布，桌布左侧摆放潮汕特有吉祥象征的石榴花（红花），寓意出外平平安安，整体基调朴实大方，符合历史基调。

7. 解说词

寒冷的冬天带给我温暖的不是一条围巾，而是一条水布。这是爸爸曾经用过的水布，有红白、蓝白、黑白这三种颜色。或许很多人不知道它对于潮汕人的意义。过去水布也被叫作浴布，是潮汕男人在劳作过程中用的必备品。在劳作过程中，他们用来擦汗，用来洗浴，用来当草席或茶席，用它席地而睡。这条水布有潮汕人的汗水、泪水，还有他们的辛酸血泪。这是一条具有历史价值的水布，每当看到这条水布我就会想到父亲当时的辛酸。潮汕男人带一条水布，揣一把自家的茶叶，乘坐"红头船"，走向世界的各个角落。

他们在出海过番的时候喝茶，在田间劳作的时候也喝茶。在潮汕地区，大到茶店茶馆，小到街边商铺，都会看见一套简易的工夫茶具。即使没有条件，他们也会创造条件。一个盖碗，三个若深杯，普普通通的茶具，却能冲泡出浓醇甘爽的工夫茶。

凤凰浪菜是父亲最喜欢的茶，今天我拿父亲最喜欢的茶跟大家分享。它的外形不像其他茶叶那般精致，乌褐油润，但是它的香气和滋味却最是让父亲迷恋。潮汕男人喝茶不注重外表，就像爸爸常常跟我说的，做人不要虚有其表，要脚踏实地，一步一步踩实。

潮汕男人出外凑在一起，最喜欢做的事情就是泡起工夫茶，出名的潮汕工夫茶，素有特色。他们在苦中作乐，在工夫茶的茶香中谈天论地，茶汤里饱含着潮汕男人的泪水与汗水，饱含着他们的勇敢与拼搏。

一条水布就是一个印记，满载先辈无尽的辛酸；一杯工夫茶就是一个故事，陪伴先辈勇往直前，更是潮汕人民对祖国发展所做贡献的历史见证。请得关公巡古城，更教韩信点奇兵。红红炭火清清水，满座茶香四海情。

今天，我将把这三杯茶献给尊贵的客人。用以感恩潮汕先辈们的海纳百川，感恩潮汕先辈们的自强不息，感恩潮汕先辈们的勇敢拼搏。

在这里，我将这条"潮汕哈达"献给远方的来客。

现在水布已经逐渐淡出人们视线。可是，这道曾经亮丽的风景线却永远留在潮汕人的记忆之中。水布所凝聚的勤俭朴素、艰苦创业的潮人精神，为我们留下了丰富的文化内涵，为潮汕人留下了珍贵的文化遗产。茶香满溢，水布情长！茶里有陪伴，有勇敢；水布里有汗水、有泪水。愿大家今后在这杯茶的陪伴里，共享潮汕情长。

## （二）创新茶艺主题二：《家乡佳果侑茶香》

奖项：2021年广东省茶艺技师职业技能竞赛个人赛银奖作品

### 1. 主题思想

《家乡佳果侑茶香》将单丛茶、金灶橄榄与其山水之情紧密联系，融入潮汕人文精神，借橄榄叹自然山水之景，叹其对山水的热爱；以茶喻人，赞其潮汕人的热情好客和朴实无华。家乡金灶，吸收着天地精华，滋润着青山绿水，孕育着淳朴勤劳的潮汕人民。通过佳果橄榄的清香甘醇、单丛茶的浓醇回味，吸引更多的人到家乡游玩，以此推广潮汕山水、人文及茶文化，让更多人认识我的家乡——潮汕。

### 2. 使用器具

风炉、砂铫、朱泥茶盘、朱泥壶承、水平朱泥壶、3个白瓷若深杯、3

个圆檀木杯垫、竹茶荷、竹茶刮、奉茶盘。

3. 演示流程

进场——温壶——赏茶、置茶——润茶——滚杯——泡茶——奉茶——致谢

4. 茶叶品名

老枞蜜兰香单丛。

5. 茶艺音乐

选用轻音乐《丹桂飘香》为背景音乐。

6. 茶席创作

浅绿色的纱席给人以清新的感觉，好似青山绿水，叠铺的竹桌旗能够体现茶人热爱自然的情怀。桌面放置的橄榄枝与硕果累累的橄榄，巧妙呼应所表演茶艺主题。茶席上茶器的组合所用皆是家乡的

《家乡佳果侑茶香》茶艺场景

工夫茶具——风炉、砂铫、孟臣罐、若深杯，塑造温暖、朴实的一面，从而唤起观者心中的山水情怀，映衬好山好水孕育出的美景、美食及热情好客的人儿，进一步点明主题——家乡佳果侑茶香，欢迎大家来观光！整体

基调以清新、自然为主，与轻松悠扬的音乐交相辉映，力求给人以轻松愉悦之感。

7. 解说词

家乡橄榄古树前，清香甘醇润心田。红红炭火清清水，浓醇茶香漫此间。"来来来，食粒三捻橄榄！（潮汕话）茶炉起，听我来说一下家乡的工夫茶和橄榄。"

我的家乡，是粤东的山区小镇，这里自然条件得天独厚，是著名的水果之乡，盛产杨梅、油柑、桑葚、柿子等。而让我情有独钟的，是那看起来并不起眼的橄榄。

在潮汕，橄榄是唯一可以与工夫茶搭配的水果。其果色有青色，也有金黄，可以直接生吃，肉质爽脆，初感微涩然回味甘甜，嚼后满口留香，令人回味；它还可以做菜，咸香的橄榄菜是家庭必备小菜，橄榄猪肺汤是潮汕特色菜品；人们还用它来腌制蜜饯、甘草水果……

元代诗人洪希文早就告诉大家橄榄与茶之间的关系："橄榄如佳士，外圆内实刚。为味苦且涩，其气清以芳。侑酒解酒毒，投茶助茶香。"在潮汕，人们喜欢支起一盏红泥炉，取水煮茶，静听汩汩水沸如松风，轻嗅悠悠茶香觅甘露；隐于橄榄树下，细嗅橄榄清香绵长，听壶中水声稍沸，净其杯之洁净，置上一壶醉人的单丛茶，侑君同品尝。

一杯浓酽的工夫茶，入口微涩，随后也是苦尽甘来，满口芬芳，唇齿留香。与此同时，嚼上一颗三捻橄榄，其鲜果甘香随即充盈四周，甘甜随之而来，简直就是一种享受。橄榄和工夫茶给人的体会，都是潮汕文化精神的真实印证，那种敢打敢拼，吃苦耐劳的精神，时刻警醒我们大家珍惜当下美好生活，积极努力向上。

茶香弥漫好似凝结着一个古老的世界，留存着过往的时光。好山好水和精心养护，产出潮汕珍果——橄榄。一捻青绿橄榄，装下的是家乡的风土，装下的是潮汕山水之情。一杯工夫茶，和着这甘甜的青绿，飘荡出的是潮汕人特有的热情好客和朴实无华，无需言语，只道家乡有橄榄，茶香亦芬芳！

## （三）创新茶艺主题三：《戏里戏外》

奖项：2020年汕头市评茶茶艺职业技能竞赛个人赛金奖作品

### 1. 主题思想

潮剧，是用潮汕方言演唱的一个古老传统地方戏曲剧种，以优美动听的唱腔音乐和独特的表演形式，融合成极富地方特色的戏曲而享誉海内外。该茶艺节目结合茶艺表演者所熟悉的潮剧表演艺术，通过工夫茶艺展示向观众介绍家乡艺术。戏里有茶，戏外亦有茶，巧妙表明工夫茶对于潮汕人的重要性。工夫茶与潮剧艺术两者紧密融合，让艺术不再单调，而是更具多样性。

### 2. 使用器具

电陶炉、提梁陶壶、白瓷麦穗花茶盘、白瓷麦穗花盖瓯、3个白瓷麦穗花若深杯、三个锡杯垫、竹茶荷、竹茶刮、奉茶盘。

### 3. 演示流程

入场——温壶——赏茶——置茶——润茶——滚杯——冲泡——分汤——奉茶——致谢

## 4. 茶叶品名

武夷岩茶（传统潮汕炭焙工艺）。

## 5. 茶艺音乐

选用潮剧《桃花过渡》作为开场和古筝曲《出水莲》搭配。

## 6. 茶席创作

茶席选用黑白渐变作为桌布整体基调，搭配潮汕老百姓常用的老式麦穗花白瓷茶具，茶船摆在中心位置，三个品茗杯呈"品"字形摆放；盖瓯置于茶船右前方，奉茶盘置于茶席左侧，竹茶荷搁置在奉茶盘右边，电陶炉摆

《戏里戏外》茶艺场景

放在桌面右下角。整体茶席简单舒适，贴近百姓生活，符合生活化的文化主题背景需要。

## 7. 解说词

"（潮语）来去哦……"

"悠悠潮乐韵，袅袅佳茗香"，潮汕自古以来就是繁华富庶之地，一边是腾飞中的名茶之乡，一边是绵延了440多年，具有浓郁民俗色彩的潮剧之都。

穿过幽深秀丽的古巷，从远处传来一阵阵潮剧戏腔。美妙的女声应和着我踏在青石板上轻快的步伐声，勾起我少时无瑕的回忆。

少时的我，因为受爷爷奶奶的影响，逢年过节都喜欢在村里看戏，那时候开始我喜欢上了潮剧，便有了之后对潮剧的学习。潮剧，是用潮汕方言演唱的一个古老传统地方戏曲剧种，以优美动听的唱腔音乐和独特的表演形式，融合成极富地方特色的戏曲而享誉海内外。潮汕华侨们回到家乡，都会想品上一杯工夫茶，看一出家乡戏。

这是经过潮汕传统炭焙工艺精制而成的武夷岩茶，其汤色橙红明亮，香韵十足，回味无穷，在寒冷的冬夜，给戏里戏外的爱茶人带来一丝暖意。

而在戏里，工夫茶成了陈三与五娘传递爱意的媒介，可见，工夫茶的功效远非止渴那么简单。在潮剧《告亲夫》戏中，第二场的端茶敬客桥段可谓别出机杼，可以说，正是这一杯茶激化了戏剧矛盾，推动了剧情的突破性进展。

潮汕人的生活是离不开茶的，有些人对茶的喜爱甚至到了痴迷的地步，无论是早上起床空腹还是亲朋好友来访，都离不开这一杯茶。看戏的人坐于戏台下生火烹茶，品茗听戏，戏随景易，人随戏走，演员们在戏台上移步换景，待下台时，品上一杯浓酽的武夷岩茶，舒适惬意。

百年老街、千年古县，浮沉百年，铅华尽洗，潮汕人的生活里，听戏品茶不仅是生活的剪影，更蕴藏了潮汕文化的精髓。如今戏曲演绎出更新颖的展现形式，与工夫茶、潮绣等艺术形式一道继续滋养着这座城市，让戏里戏外的潮汕更有滋味。谢谢大家！

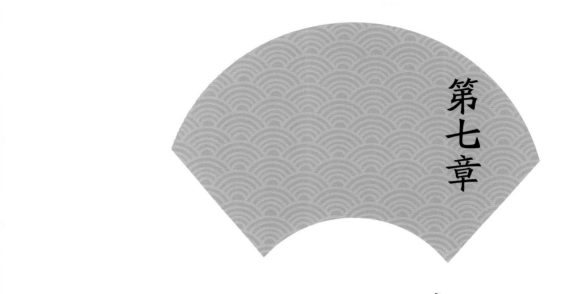

第七章

工夫茶之茶道精神与价值体现

# 第一节
## 工夫茶的茶道精神

　　受老子"道可道，非常道。名可名，非常名"的道家思想影响，"茶道"一词自使用以来，历代茶人都没有给它下一个准确的定义。而对于"中国茶道精神"的总结归纳，也是各抒己见，见仁见智。最具代表性的是茶界泰斗庄晚芳教授提出的"廉、美、和、敬"，他解释说："廉俭育德、美真廉乐、和诚处世、敬爱为人。"中国台湾"中华茶艺协会"第二届大会通过的茶艺基本精神是"清、敬、怡、真"。"清"是指"清洁""清廉""清静""清寂"，茶艺的真谛不仅要求事物外表之清，更需要心境清寂、宁静、明廉、知耻；"敬"是万物之本，敬乃尊重他人，对己谨慎；"怡"是欢乐怡悦；"真"是真理之真，真知之真。西安六如茶文化研究所所长林治老师则将"和、静、怡、真"作为中国茶道精神的四谛。他认为"和"是中国茶道哲学思想的核心，是茶道的灵魂；"静"是中国茶道修习的不二法门；"怡"是中国茶道修习实践中的心灵感受，"真"是中国茶道终极追求。

　　哪一种说法更能代表中国茶道精神？其实并不重要。正如庄晚芳教授认为的"茶道是一种通过饮茶的方式，对人民进行礼法教育、道德修养的一种仪式"。而国家级非遗项目潮州工夫茶艺传承人陈香白老师的解释更为全面，他认为：中国茶道包含茶艺、茶德、茶礼、茶理、茶情、茶学说、茶道引导七种义理，中国茶道精神的核心是和。中国茶道就是通过饮茶的过程，引导个体在美的享受过程中走向完成品格修养以实现全人类和谐安乐之道。

同样的，对于潮汕工夫茶的茶道精神的总结，也有多种说法，如潮州文史专家曾楚楠老师提出的"和、敬、精、乐"，他认为："和"与"敬"是工夫茶的总体精神，"精"是工夫茶的本色，"乐"是工夫茶的灵魂，并称之为茶道"四趣"。潮汕文化专家张华云先生提出了"和、爱、精、洁、思"，他的解释是："和"就是祥和的气氛；"爱"，表达爱心和敬意；"精"，即精美的茶具和精巧的冲沏技术；"洁"，即高洁的品性；"思"，即启发智慧和思考。

2011年，由广东省质监局发布的广东省地方标准《潮汕工夫茶》，是国内第一部工夫茶的省级标准，标准起草人、汕头市茶文化学会名誉会长郑文铿将潮汕工夫茶的文化精神概括为"和、敬、精、洁、思"。"和"既指茶事活动追求和谐的核心思想，也指平和自在的心态；"敬"既指待客尊敬之态度，也指对茶及大自然之敬畏；"精"既指精致之器具，也指精湛之冲泡技艺；"洁"既指茶事之整洁，亦喻茶性之高洁；"思"既指茶可涤神益思之功效，更喻人生真谛之参悟。

综上，笔者更推崇郑文铿的潮汕工夫茶文化精神"和、敬、精、洁、思"，具体体现在以下几个方面。

# 一、和

在中国人的字典里，"和"字具有丰富的意义和内涵：可以指向一种相安、谐调的状态，如"以和为贵""和衷共济""民和年丰""和而不同""人和百事兴"，是人们对和谐社会的期盼和向往；可以引申为一种平静、不猛烈的气质，如"风和日丽""心平气和""和颜悦色""和气致祥"，是人们对平和心态的赞美与憧憬；可以指代一种平息争端的方式，如"从中调和""讲和通好""和好如初"，是人们对化解矛盾之处事智慧的崇尚与追求。

### （一）茶叶生产加工中的"天地人和"

茶，吸天地之灵气，集日月之精华，是大自然对人类的恩赐。无论是茶树的栽培还是茶叶的采摘、加工、储存和冲泡，都应与"天"和、与"地"和、与"时"和、与"茶"和、与"人"和。作为潮汕工夫茶文化精神中的核心内涵，"和"更是贯穿于工夫茶的方方面面，不仅体现在人与自然、与茶、与人之间和谐的状态中，也体现在茶事中的人平和、包容的心态中。

适宜茶树生长的环境，对包括温度、水分、光照、空气等因素在内的气候条件，包括海拔、地势、坡向等因素在内的地形条件，包括土壤pH值、土层厚度、土壤有机质及潜水位等生态要素在内的土壤条件乃至灌溉条件都有要求。栽培茶树时因地制宜地打造"与天和""与地和"的环境，才能提高茶叶的产量、品质及经济效益。

在凤凰单丛茶主产区潮州市潮安区凤凰镇，茶农中长期流传并遵循着"下雨天不采茶，清晨露重不采茶，太阳下山不采茶"的"三不采"原则。不同时间的雨量、空气湿度和光照对凤凰单丛茶鲜叶采摘和后续加工的影响之大，使得茶农们深谙茶叶采摘要"与时和"。

从茶树鲜叶到可以冲泡饮用的茶叶，必须经过特有的加工过程，这个过程便是茶的制作，又称制茶，即我国被列入联合国教科文组织人类非物质文化遗产代表作名录的"中国传统制茶技艺及其相关习俗"的主体。千百年来，制茶师根据当地风土，运用杀青、闷黄、渥堆、萎凋、做青、发酵、窨制等核心技艺，发展出绿茶、黄茶、黑茶、白茶、乌龙茶、红茶六大茶类及花茶等再加工茶，2000多种茶品。相同的茶树鲜叶采用不同的制茶工艺，能制出不同茶类的茶；即使采用相同的制茶工艺，加工技术的不同也会制成不同品质的茶。具体到凤凰单丛茶所属的乌龙茶，从初制阶段的晒青、晾青、做青、杀青、揉捻、烘焙，到精制阶段的筛择、分拣、烘焙和拼配，每个环节都讲究要结合茶叶加工时的环境温度、湿度和包括茶叶含水量、老嫩度、数量等因素在内的茶叶本身的状态进行，使茶鲜叶中的各种化学物质向有利于品质的方向发展，是为"与时和""与茶和"。茶学专业重要的专业基础课教材《茶叶生物化学》中更是总结道，"乌龙茶从原料、制造到成茶，贯穿其中的重要技术概念是'适度'和'控制'"，由此更可见"和"对于乌龙茶制造的重要性。

作为一种极易吸湿、吸收异味，在高温高湿、阳光照射及充足氧气条件下会加速内含成分变化从而引起品质降低的产品，茶叶的储存至关重要。凤凰单丛茶也不例外，要使茶叶的品质在较长时间内保持不变，需讲究"与天和""与地和"，使茶叶储存的环境满足防潮、隔热、避光、避氧、远离有异味的物品等条件要求。

## （二）茶叶品饮过程中的"求和"

中医认为药物有五性，即"寒、凉、温、热、平"，古代各医家大都认为茶是寒性，但寒的程度则说法不一，有认为寒的，也有认为微寒的。"茶圣"陆羽在《茶经》中提出，"茶之为用，味至寒"，并指出，"若热渴、凝闷，脑疼、目涩，四肢烦、百节不舒，聊四五啜，与醍醐、甘露抗衡也"，说的是人们如果发热口渴、胸闷，头疼、眼涩，四肢疲劳、关节不畅，只要喝上四五口茶，效果与醍醐、甘露相当。事实上，对于嗜茶如命的潮汕人来说，大到四个季节，小到十二时辰，什么时候喝什么茶都有讲究，无论是钢筋铁骨之身，还是弱不禁风之体，都有适合其体质状态饮用的茶。

饕餮大餐后冲一泡工夫茶，让茶叶中的咖啡碱发挥助消化的作用，消食化积；进食油腻后喝一泡工夫茶，让茶叶中的茶多酚发挥调节血脂代谢的功能，咖啡碱促进机体代谢，解腻去油；微醺小醉时来几杯工夫茶，让茶叶中的咖啡碱发挥强心利尿的作用，茶多酚发挥抗氧化作用，有助于醒酒，解除酒毒；疲倦困顿时品几杯工夫茶，让茶叶中的生物碱发挥对中枢神经系统的兴奋作用，使睡意消失，疲乏减轻……是为择茶要"与时和"。

经常处于辐射环境中的人，冲泡工夫茶时可以选择绿茶、乌龙茶等富含茶多酚类物质的茶；心脏功能减退的人，冲泡工夫茶时可以选择咖啡碱含量较高的乌龙茶，利用其强心解痉、松弛平滑肌的药理作用，提高心脏的功能；有美容需求的人，冲泡工夫茶时可以选择维生素C含量较高的绿茶，利用其防止肌肉弹性降低、水分减少和抑制肌肉黑色素生成的功效；有抗衰老需求的人，则红茶、绿茶、乌龙茶都可以选择，因为茶叶中的多酚类及其氧化物具有清除自由基的抗氧化作用……是为择茶要"与人和"。事实上，大多数工夫茶茶席上的主角是以凤凰单丛茶、武夷岩茶或铁观音为代表的乌龙茶，偶尔也确实能见到本地炒青绿茶和工夫红茶的身影。

广泛流布于潮汕地区的工夫茶习俗，因其器具之精致而令人叹为观止，给许多来到潮汕的外地人留下深深的印象。在完整成套的潮汕工夫茶器具中，根据茶叶特点、冲泡方法和品茶场合等因素选择合适的茶具，也是一种"和"的表现。不同茶叶的条索形状及紧结度不同，使得其在被投置入冲泡器具时的难易程度不一。以乌龙茶为例，武夷岩茶和凤凰单丛茶外形条索肥壮紧结，将其投置进收口的茶壶中常常是一个颇具难度的步骤，而将其纳入敞口的盖瓯中则显得便捷许多；安溪铁观音和冻顶乌龙外形条索紧结卷曲，呈螺旋形或半球形，无论是用茶壶还是盖瓯冲泡，纳茶这个步骤的操作都极为方便。另外，盖瓯在工夫茶器具中的高频使用，也说明了"和"的精神在工夫茶文化中的地位。前面介绍过，盖瓯又被称为"三才杯"。"三才"指天、地、人；顶部的瓯盖是天，底部的瓯托是地，而中部的瓯身是人。盖瓯也因此有了天地人和的寓意。

择器当求"和"，择水亦如此。茶产自哪里，就用那个地方的水来冲泡；水质再好，运到远离水源的地方用来冲泡茶叶，它的品质优点也所剩无多。茶界经典的"水土相宜茶自佳"一说，也体现了泡茶用水选择的"和"精神。

"和"的理念也同样深深体现在工夫茶独特的冲泡程式中。洒茶时使茶汤均匀巡回斟于各茶杯中，即"关公巡城"，茶汤斟至将尽时使茶壶（盖瓯）中余汤依次巡回滴入各茶杯中，即"韩信点兵"。这些都是在强调茶汤的平均分配，使各茶杯中茶色茶香茶味一致，一视同仁，避免出现"厚此薄彼"的情况，营造人人平等的品茶氛围。


### （三）工夫茶人文的"和合"

中共中央党校储峰在《光明日报》发表的文章《中国"和"文化的理论内涵与当代价值》中指出，"和"文化中蕴含的天人合一的宇宙观，体现了中国古人朴素、整体的哲学观，即把天地万物视为不可分割的整体，把人与自然看作是浑然一体。这种哲学观为后世正确处理人与自然的关系提供了认识论原则与方法论指导。事实上，潮汕工夫茶中无处不在的"与天和""与地和""与时和"自然生态观，确是对天人合一思想的深化和发展。

人心和善的道德观是"和"文化中另一个重要组成部分，体现在工夫茶文化中是处处可见的"与人和"。择茶时以人为本，洒茶时关公巡城，点茶时韩信点兵，请茶时恭敬有礼，潮汕人用工夫茶淋漓尽致地表现了"温、良、恭、俭、让"的美德。

"和"文化中蕴含的和而不同的社会观，也蕴含着深刻的哲学智慧。此处的和，即"和合"，最早出自《国语·郑语》："商契能和合五教，以保于百姓者也。"指商契能调和"父义、母慈、兄友、弟恭、子孝"5种伦理道德的教育，使"父、母、兄、弟、子"之间的关系和谐，达到"保于百姓"的目的。"和"与"合"，从动与静、过程与结果等不同角度，揭示了宇宙万物存在的机理。茶作为遵循金、木、水、火、土五行"和合"法则的产物，也是和而不同理念在工夫茶文化中的重要体现。

《茶经》载，"茶者，南方之嘉木也"，可见茶叶本身属"木"。在茶叶的加工过程中，茶叶经杀青机高温抑制做青叶中酶的活性，为茶的生命中植入"金"。在茶树的生长过程中，水分是形成茶叶品质的重要因素。在泡茶过程中，煮水、候汤、冲泡，水更是工夫茶重要的构造条件。水为茶之母，"水"孕育了茶。在乌龙茶的初制和精制过程中，初烘、复焙，无论是电烘机烘焙还是传统炭火烘焙，都会有"火"的身影。在传统工夫茶的冲泡程式中，泥炉起火、榄炭生火、羽扇催火、砂铫耐火，都少不了"火"的助攻，由此可见"火"也在茶中。同样是在茶树的生长过程中，土壤作为重要的生态因素，为茶树提供了其生长所必需的矿物质元素和水分，与茶树之间有频繁的物质交换。而工夫茶"四宝"中的砂铫、泥炉、茶壶，其制作原料都是陶泥，都离不开"土"。由此可见，"土"也是茶的一部分。金、木、水、火、土五行兼备，"和合"造就了独特的工夫茶文化。

# 二、敬

《礼记·曲礼》载："君子恭敬撙节退让以明礼。"唐朝经学家孔颖达著《礼记正义》对其进行解释说明时，引用南朝文学家何胤的论述："在貌为恭，在心为敬。"在潮汕工夫茶文化中，由内而外的恭敬处处可见。如果说不论男女、不分老少、雅俗共赏是工夫茶文化"和"的通俗体现，那么长幼有序、主客有别则是工夫茶文化"敬"的高雅写照。

## （一）"敬"在工夫茶冲泡技巧中的体现

"敬"的理念，体现在工夫茶的三个若深杯里。传统的工夫茶冲泡和品饮，无论入座的人数多少，通常有且仅有三个茶杯，讲究的司茶者还会根据客人观看的角度把茶杯摆成"品"字形。"茶三酒四逿迌二"的潮汕俗语，就是在强调工夫茶的品饮以三人为最佳。潮汕人喝茶不认杯，以此表示平等公正、不分彼此，每轮喝完，用沸水烫洗一遍茶杯后再斟茶。当入座人数多于3人时，一般遵循先客后主、先长后幼、司炉最末的品饮顺序，轮流品饮。对司茶者而言，先请在座的长辈或资历深的人喝，再请小辈或资历稍浅的人喝；先请年长的人喝，再请年幼的人喝；先请远方来宾喝，再请邻里街坊喝；先请客人喝，再请自家人喝。诸如此类，意为敬老、尊贤、好客。当在座所有人全都喝过茶之后，才轮到司茶者自己喝，否则就是对茶客们的不敬。根据中国茶叶学会发布的团体标准《潮州工夫茶艺技术规程》，如客人中无年纪长幼和资历深浅之别，则第一轮冲泡从泡茶者左边的第一位开始，由左到右，依次是第一、二、三位品茗者品饮，第二轮冲泡则为第二、三、四位品饮，第三轮冲泡是第三、四、五位品饮，依此循环为规则。你方喝罢我举杯，协调融洽的饮茶氛围中又彰显着"和"的理念。

"敬"的理念，体现在工夫茶冲泡程式生火和候火的步骤里。古香古色的羽扇，用于在泥炉风口处扇风催火。扇风时既要用力，使空气加速流动，使泥炉保持"活火"，又要注意不能扇过风口左右，避免烟气飞散，对客人不敬。

"敬"的理念，体现在工夫茶冲泡程式中"低快匀尽"洒茶四字诀里。"低"，指执持茶壶或盖瓯往各茶杯斟茶汤的时候高度要低，既使茶香不致飘失，茶汤不致喷溅，也显得动作优雅端庄，是对客人的尊敬。"快"，指的是茶壶或盖瓯中注入沸水后至往茶杯斟茶汤之间的动作要快，既保持了茶汤的热度，又避免茶叶过度浸泡而影响滋味，让客人可以喝到真香原味的茶。"匀"，即"关公巡城"，指洒茶时将茶汤均匀巡回斟于各个茶杯，使各茶杯中的茶汤保持色香味一致，体现对客人一视同仁的尊重。"尽"，即"韩信点兵"，指的是在茶汤斟至将尽时，巡回往各茶杯中点滴余汤直至沥尽，使茶汤不致积滞从而影响下一冲茶汤的质量，也表达均匀地斟尽茶的"精华"，是对客人的敬重。

"敬"的理念，体现在潮汕人对工夫茶冲泡之"工夫"的重视里。在《潮州茶经·工夫茶》中介绍"烹法"具体的步骤前，翁辉东不惜笔墨总述道："茶质、水、火、茶具，既一一讲求，苟烹制拙劣，亦何能语以工夫之道？是以'工夫茶'之收功，全在烹法。所以高雅之士，烹茶应客，不论洗涤之微，纳洒之细，全由主人亲自主持，未敢轻易假人，一易生手，动见偾事。"虽然茶叶的品质、煮茶用水、用火和茶具器皿都很重要，必须讲究，但工夫茶的"工夫"，最归功于工夫茶冲泡的方法，强调以精湛的技艺进行规范的茶叶冲泡。所以习尚风雅的潮汕人家，以茶待客时，无论是洁器洗杯还是纳茶洒茶，事无巨细，都会自己亲手操持，不会轻易交给别人代劳。如果交给不熟悉茶叶冲泡的人代替自己事茶，常常会把事情搞砸。茶炉放在茶柜上，而在潮汕方言中，"柜"与"县"同音，所以潮汕民间将司炉之人戏称为"风炉县长"。"县长"之职如此重要，又怎么可以随便交给别人当呢？

"敬"的理念，还体现在工夫茶中司茶者手势动作顺逆时针的讲究。如果司茶者的惯用手为右手，当使用右手提砂铫往茶壶里回旋注水，或提茶壶往茶杯里循回斟茶时，应沿逆时针方向，动作向内收合，寓意"来来来"表示欢迎，反之则变成"去去去"暗示不欢迎；同理，如果司茶者的惯用手为左手，当使用左手执器时，应沿顺时针方向。

### （二）"敬"在工夫茶茶艺礼节的体现

"敬"的理念，体现在以工夫茶待客的习俗里。中华民族自古就是礼仪之邦，对客人热情周到是公认的待客之道，潮汕人也不例外。"过门是客"，但凡来客，一定泡工夫茶相待，有特别讲究的，还会换一泡茶重新冲泡以示尊敬。潮汕历史研究者黄挺在其学术著作《潮汕文化源流》中以明朝万历九年（1581年）刊刻的《荔枝记》戏文所描述的茶事为例，以此说明当时潮州民间"对方不论是什么身份，只要进了家门，都会有茶水招待"的习俗。"《荔枝记》第17出……（春白）师父，师父，一钟茶待怎。（生白）小妹，阮做工夫人，夭有茶食？（春白）阮只处见贵客来，都有茶食。"说的是陈三到黄五娘家磨镜，婢女益春端茶请他喝。陈三问道："我一个干活的人，也有茶喝吗？"益春答道："在我们这里，只要有客人来，都会请他喝茶的。"黄挺指出，请做工的工匠喝茶，可见当时潮州民间社会茶事已经十分普及。

"敬"的理念，体现在放之四海而皆准的泡茶礼节与潮汕工夫茶的结合。酒满敬客，茶满欺客——刚刚用沸水冲泡出来的茶汤温度很高，如果斟茶太满，客人拿起茶杯时会十分烫手，不便于握杯啜饮，所以洒茶时只斟七分即可，寓意"七分茶三分情"。壶嘴不对人——无论是煮水壶还是茶壶，壶嘴朝向客人都表示请其赶快离开，不甚礼貌。事实上，除了壶嘴，尖锐的物品都不能正对着客人，所以放置茶具的时候要注意方向。无茶色换茶——每泡茶的冲泡次数具体以茶叶品种和质量而定，即使再耐冲泡的茶叶也有"茶薄"的时候。汤色从深到浅即"茶无茶色"，滋味从浓到淡即"茶有水味"，都是在提醒司茶者要及时换茶，否则会显得对客人不够重视。

"敬"的理念，体现在礼尚往来的品茗者遵循的工夫茶茶桌礼仪。譬如叩指礼——相传起源于清朝乾隆皇帝微服出访江南时的一个故事。当时乾隆路经松江，在茶馆里歇脚。只见茶馆师傅端出茶碗，提起铜茶壶，在数步外便给他们斟茶，茶水准确、均匀地冲入茶碗，滴水不洒出碗外，技法高超。乾隆看得惊奇，就拿过铜茶壶，有样学样，朝随身太监的茶碗里冲。太监受宠若惊，想行叩头礼又怕暴露了皇帝身份，于是急中生智，屈起手指，击桌为礼，以示叩谢。这个故事传入民间后便被相传成习。具体来说，叩指礼有三种形式：长辈给晚辈倒茶时，晚辈回礼——五指并拢半握成拳，拳心向下，敲击桌面三下，以示感恩。平辈倒茶回礼——食指中指并拢，敲击桌面三下，以示尊重。晚辈给长辈倒茶时，长辈回礼——食指或中指敲击桌面，以示感谢。又譬如"强宾压主，响杯擦盘"的禁忌，指客人在喝茶时不能用茶杯在茶盘上摩擦，发出各种声响，否则会被视为不尊重主人，有意挑衅。

"敬"的理念，还体现在工夫茶冲泡和品饮场合里主客互让、长幼互让的礼节里。除了司茶者对饮茶人的"敬"，饮茶人对司茶者和在座其他饮茶人也有"敬"，大家互相请茶，热情谦让。一般来讲，熟客要让生客，早入座的老客要让晚入座的新客，小辈要让长辈。在潮汕人的工夫茶实践中，司茶者洒茶完毕，即使没有将茶杯奉到饮茶人手中，也会说声："请，食茶！"这时饮茶人可以用一声"多谢，食"接受司茶者的请茶，也可以转而向座上其他饮茶人请茶。端起茶杯时往往就近取茶，以示修养。潮汕方言中还有"茶无三推"的说法，"推"在这里是辞让，让给别人的意思。再三推让，茶凉了就不好了，有"却之不恭"的嫌疑。于是乎，在一声声"请请请、食食食"的互相谦让中，"和"与"敬"的精神得到最充分又非常自然的体现。

# 三、精

东汉古文经学家许慎在其倾注毕生精力所撰写的著作《说文解字》中用"精，择也"，解说了"精"的字义：拣择米粒，经过挑选的即为"精"。博大精深的儒学理论著作《论语》也有"食不厌精，脍不厌细"，意思是说，粮食不嫌舂得精，鱼和肉也不嫌切得细，米舂得越精，肉切得越细，吃起来的口感越好。由此可见春秋时代礼制要求之严格，连在平素的饮食中也有对"精"的极致追求。作为汉民族中具有自己独特文化面貌的分支，素来追求精细价值观念的潮汕人，更是把"精"的精神在各个领域都表现得淋漓尽致。"精"可谓潮汕文化的点睛之笔。当代语言学家、文化学者、中国语言资源保护工程核心专家组专家、国际潮学研究会学术委员会主任林伦伦提出，对"精"的追求是潮汕人最优秀、最突出、最特别的人文特质。

### （一）潮汕文化的"精细"

明朝开始，潮汕地区人口持续增长，有了充足的劳动力资源，农业生产逐渐从粗放耕作变为精耕细作。清朝前期，潮汕地区社会基本安定，经济发展，人口蕃盛，农业生产技术也愈加精细，潮汕人远近闻名的农耕习俗"种田如绣花"就是从这个时期开始的。在精细管理方面下足功夫的潮汕农民，充分利用有限的土地生产出更多品种的粮食，以满足需求、应对风险，实现价值最大化。

当地区社会经济和文化发展到一定水平，心灵手巧的潮汕人便开始在饮食上发挥精细烹制的工匠精神。从食材的精挑细选，烹饪方法的精考细究，到烹饪过程的精工细作，相配蘸料的精搭细配，再到摆盘饰品的精雕细刻，无一不以"精"字打造之。这里，需要着重指出的一点是，潮菜对食材用料的讲究，并不是说食材有多名贵多珍稀，事实上，潮菜在食材的选择上，无分"贵贱"，薯芋谷麦，瓜果茄豆，甚至是山间野菜，经过匠心制作，也都能上桌入席。薯叶羹"护国菜"就是一道以普通的番薯叶为原料的经典潮菜菜式。崇尚朴实，粗料细做，正是潮菜的突出特点。

建筑是随人类社会的发展而出现的事物。2021年，潮汕古建筑营造技艺入选国家级非物质文化遗产代表性项目名录。黄挺在其著作《潮汕文化源流》中将潮汕地区有特点的建筑分为庙祠寺院、民居、桥和塔四类。潮谚"京都帝王府，潮汕百姓家"，把潮汕民居在建筑形制和规模上所展现出的非凡气度毫不夸张地描述了出来，更通过对比展示了精益求精的潮汕人对装饰工艺的极致追求。另外一句在潮汕地区十分流行的俗语"潮州厝，皇宫起"，则更是高度肯定了潮汕建筑的富丽堂皇、光彩夺目。陈友义在其社科普及读物《潮汕历史文化小丛书——潮汕民俗》中对这句俗语阐释道："潮汕的民居、祠堂、书院学宫、庙宇等，与京城的皇宫一样建造，规模大，气势雄伟，豪华堂皇。"潮汕历代建筑工匠在长期的实践中积累了丰富的经验，在建筑布局、建材选用、施工控制、构件制作诸方面，形成了独特与系统的方法或技艺，使得潮汕建筑形成了形态端严、结构稳固、装饰华丽的风格，在我国民族建筑中独具一格，具有极高的历史、科学和艺术价值。

前面提到，自明朝到清朝前期，潮汕地区的农业生产水平日益提高，精耕细作下双季稻种植面积持续扩大，农业经济的商品化倾向加强并促进了本地区的手工业和商业的繁荣，从事手工业生产和商业活动的人口剧增，潮汕民间工艺美术的特色开始显露。无论是色彩斑斓、晶莹光润的嵌瓷，精巧细腻、金碧辉煌的金漆木雕，还是精细奇巧、繁密通透的石雕，简练传神、巧夺天工的工艺瓷，又或是技法精巧、华美艳丽的潮绣，玲珑剔透、栩栩如生的剪纸，每一个品种的潮汕民间工艺在成熟期都表现出精巧繁复的艺术风格，而自成独立的流派。

除了农业、饮食业、建筑业、手工业，经商的潮汕人也更懂得精打细算；"过番"到海外谋生的潮汕人也更精明强干……"精"的精神内涵之所以能够为潮汕人的意识所接受，有其时代背景——人口压力的增大、商品经济的发展，渐渐改变着潮汕人的行为方式：做人欲"仔细"，事事欲"儒气"；而这些行为方式反过来更强化了潮汕人这种追求儒雅精细的文化观念。

## （二）精，是潮汕工夫茶的本色

曾楚楠老师认为："精，是潮汕工夫茶的本色，精致的茶具，精密的冲泡程式，精益求精的择茶、择水、择器、烹法的追求，是对'精'之精神的机制发扬。"

作为潮汕工夫茶最突出的特征，"精"的内涵有了精绝的风采展现——器精致、水精准、茶精制、技精妙。精益求精的潮汕人，用精湛的事茶工夫，呈现精彩的工夫茶文化，是对"精"之精神的极致发扬。

关于工夫茶器具之精致，前面我们引述过，俞蛟有"工夫茶，烹治之法，本诸陆羽《茶经》，而器具更为精致"，翁辉东有"工夫茶之特别处，不在茶之本质，而在茶具器皿之配备精良，以及闲情逸致之烹制"，陈恭尹有"白灶青铛子，潮州来者精"，不一而足。

关于工夫茶用水之精准，前面我们也提到，从择水到煮水，翁辉东在《潮州茶经·工夫茶》中都有详细的阐述。论择水，有不怕辛劳取山泉水的，见于"潮人嗜饮之家，得品泉之神髓，每有不惮数十里，诣某山某坑取水，不避劳云"；论煮水，有通过水呈现的样子取最佳沸腾程度之水的，见于"若水面浮珠，声若松涛，是为第二沸，正好之候也"。

关于工夫茶择茶之精制茶，前面详细介绍了乌龙茶的精制加工流程和其间所需要的精制烘焙的技艺。经过精制加工后的乌龙茶毛茶，规格不一的外形得到整理，不同等级间存在差异的内质得以调和，茶叶的综合品质得到精绝的提升。

关于工夫茶冲泡之精妙，从潮汕工夫茶中的"工夫"二字可见一斑，见于翁辉东《潮州茶经·工夫茶》"'工夫茶'之收功，全在烹法"。"泥炉起火，砂铫掏水，煽炉，洁器，候火，淋杯"，一系列茶叶冲泡前的准备工作，仅仅是治器的环节。在纳茶的环节中，要先"淋罐淋杯"，烫壶温杯，然后再开始投置茶叶。茶叶要怎么投，投多少，都是工夫的体现，惹得严谨务实的翁老先生也戏谑地说，"神明变幻，此为初步"。候汤之法，主要是煮水时把握水的沸腾程度以掌握水温。接下来便是冲点的环节，即首次冲泡茶叶的步骤。注水的位置，执铫的高度，每个细节都有讲究，还要注意水流"不可断续，又不可迫促"。刮沫，再淋罐，再烫杯，再注水，"几番经过，正洒茶适当时候"，接下来便是经典的"关公巡城"和"韩信点兵"，茶壶或盖瓯先似巡城的关羽，再似点兵的韩信，司茶者行云流水的操作兼具历史的厚重感和情致的闲适感。

关于工夫茶品饮之精细，是区别于中国其他茶道的最大特征。若深杯的存在，使得饮茶者可以一啜而尽而不至于有"牛饮"之嫌。翁辉东《潮州茶经·工夫茶》自然少不了对如何饮茶的讲述，"乘热……杯缘接唇，杯面迎鼻，香味齐到，一啜而尽，三嗅杯底，味云腴，餐秀美，芳香溢齿颊，甘泽润喉吻，神明凌霄汉，思想驰古今。境界至此，已得'工夫茶'三昧"，一杯好茶的香、味、韵跃然纸上。

正所谓细节决定成败，拥有工匠精神的潮汕人不断追求完美和极致，也总是更容易取得成就。说到这里，笔者想起在网上看到的一则关于国家级非遗项目潮州工夫茶艺传承人陈香白的趣闻：在摄像机前演示工夫茶的时候，按理来说，泥炉要在茶席的七步之外，防止火星烫人，但是因为拍摄需要，摄制团队希望可以挪近二者的距离，"和陈香白相处的两天中，他万事都可商量，唯独在此事上略显不快"。由此可见他对工夫茶中细枝末节的重视和考究。

# 四、洁

洁，指干净，没有尘土、杂质等。工夫茶中"洁"的文化精神，主要表现在冲泡程式的若干环节中，翁辉东在《潮州茶经·工夫茶》也屡有提及。备器置席之前，司茶者应确保茶叶冲泡和品饮中可能使用到的所有器具都是洁净的。泥炉起火后，司茶者的手可能会直接或间接触碰到油薪竹、橄榄炭等生火材料，所以在纳茶之前，司茶者应净手，洗去手上杂质，方可事茶。水初沸"突起鱼眼时"，这个时候可以执铫"淋罐淋杯令热"，除了可以提升茶器温度，有益于增发茶香，同时也可以冲掉茶器表面因使用自来水清洁而可能残留的水渍。"复以热汤遍淋壶上，以去其沫"，刮沫之后的淋罐，则是为了除去茶壶上的茶沫，保持茶壶表面的清洁。在整个茶事过程中，如果有茶汤喷溅至茶桌上，司茶者应及时用茶巾擦拭桌面，保持茶桌的干净无渍。工夫茶中的"洁"，是对在座饮茶人的尊重，也是对茶本身的尊重。

# 五、思

根据孙中原在《中华先哲思维技艺趣谈》中的统计数据，中华先哲对思维艺术的重视，从《四库全书》里"思""虑""思虑""思索"和"思考"等"思维"的等义词被提及近五万次可以管中窥豹。明朝吴元满在其所撰《六书总要》中解释道，"思，念也，虑也，绎理为思"。

潮汕工夫茶作为潮汕优秀传统文化的重要组成部分，以儒家思想为主体、融儒、道、佛三家思想于一体，融合了潮汕人对温良恭俭让、道法自然、天人合一、苦静凡放等理念的理解。

温良恭俭让，是儒家的一种主张。温良恭俭让在潮汕工夫茶上体现为：司茶者在茶事中态度温和，是为"温"；择茶时以人为本，是为"良"；洒茶时"关公巡城"，是为"恭"；点茶时"韩信点兵"，是为"俭"，请茶时司炉最末，是为"让"。

苦静凡放，是佛家与茶道在精神内涵方面的共通之处，即"茶禅一味"。潮汕工夫茶作为中国茶道的代表之一，也有对苦、静、凡、放的演绎。

《道德经》曰："人法地，地法天，天法道，道法自然。"茶本身是自然对人类的恩赐。在工夫茶所用茶叶的种植和制作过程中，在工夫茶的冲泡、饮用和分享过程中，也处处蕴含着潮汕人对与"天"和、与"地"和、与"人"和的探索。

根据"药圣"李时珍撰述的本草学巨著《本草纲目》，"（时珍曰）茶苦而寒，阴中之阴，沉也降也，最能降火。火为百病，火降则上清矣。"与此同时，"人生是苦"是佛教常讲的一句话，佛家认为，身体上有老病死苦，心理上有贪嗔痴苦，亦即身苦和心苦。在《觉悟的生活：星云大师讲〈心经〉》中，有这么一段甚为通俗的比方，"拿喝茶来说，不会喝茶的人感觉到茶好苦，会喝茶的人却是早晚非来点茶不可。人间之事，譬如饮茶，有人好苦，有人好甘"。

在宋徽宗赵佶的《大观茶论》里，"至若茶之为物，……冲淡简洁，韵高致静，则非遑遽之时可得而好尚矣。"指出饮茶所带来的"冲淡简洁，韵高致静"的境界，不是慌乱无措之时所能崇尚和享受的。由此可见"静"对饮茶的影响。苏轼在《望江南·超然台作》中的一句"休对故人思故国，且将新火试新茶"被不少茶人奉为是通过饮茶所能进入的最高境界。心静，方能品出茶韵；心静，方能超越茶本身，领悟更多世间道理。

"静"更是佛家修习禅定的根本要求，要求习佛者"外于一切善恶境界心念不起……内见自性不动……"。坐禅作为参禅的重要入门，心静方能觉悟本性，领悟佛理。

凡，平常，不稀奇也。潮汕工夫茶贯穿于潮汕人的日常生活，在潮汕地区有极其广泛深入的社会实践，此乃其"凡"的表现。而"平常心是道"的佛家教理，也推崇修炼一颗宠辱不惊于心、得失不萦于怀的平常心。

有道是："喝茶就是这么简单，只有两个动作，拿起，放下。"茶风甚盛的潮汕地区让这句话有更强的说服力。潮汕人在家庭、工作地点、餐厅、公园、动车厢甚至马拉松赛场等场所都可以冲泡、饮用并分享工夫茶，喝茶就是这么简单，哪里都可以喝，什么时候都可以喝，不过拿起和放下罢了。在工夫茶面前，喧嚣和浮华褪去，世界安静了下来。而佛家的"放下屠刀，立地成佛"，也是在说人生没什么不可放下的智慧：一念放下，万般自在。

作为典型的民间文化，世代传承的工夫茶无疑也是中华传统文化的一种，其对儒、释、道三者的认识和体现，展示了潮汕人以儒济世、以道修身、以佛养心的精神力量，对潮汕人的道德修养和人格塑造产生了深远影响。

潮汕"胶己人"有这么一句话："有潮水的地方就有潮汕人，有潮汕人的地方就有工夫茶"，可见工夫茶对于潮汕族群来说是多么的重要。在潮汕，工夫茶是本地人日常生活的一部分，客来以茶相待，沟通交流、商务谈判、祭祖拜神等场合都少不了茶。

潮汕作为著名侨乡，有着丰富多彩的华侨文化，工夫茶是联结潮侨情结的重要纽带，即使是侨居或移民海外的潮汕人，也仍然保存着品饮工夫茶这个习俗，打好"侨"牌需要潮汕工夫茶的助力。在广东省地方标准《潮汕工夫茶》中，潮汕工夫茶的作用按功能及需要分为5个层次：生理需要层次、社交需要层次、休闲需要层次、审美需要层次、修养需要层次。

## 一、作为饮品：健康养生的功能

在前面提过的《闽杂记》中，施鸿保提到清朝道光、咸丰年间闽南地区以小壶小杯冲沏武夷小种茶的风尚，可以略为揣测起初工夫茶的品饮程式为何会在闽南和潮汕地区流行开来："漳泉各属，俗尚功夫茶。茶具精巧，壶有小如胡桃者，曰孟公壶，杯极小者名若深杯。茶以武夷小种为尚，有一两值番钱数圆者。饮必细啜久咀，否则相为嗤笑。予友黄玉怀明府言，下府水性寒，多饮伤人，故尚此茶，以其饮不多而渴易解也。"闽南和潮汕地缘相接，气候相似，为亚热带季风性湿润气候，夏季炎热潮湿，冬季也较北方地区温暖湿润。《黄帝内经》载："水为阴……水谷之寒热，感则害于六腑。"古人认为水性寒，饮用太多水会损害人的六腑，在潮湿的地方就更不能喝太多水。于是闽南和潮汕地区的先民利用茶，尤其是浓茶的生津功能来满足日常的解渴需要。

茶为国饮，随着科学的发展，茶叶中的营养成分、药效成分不断被发现，并通过动物实验和临床试验证实了其保健功能，证实了喝茶确实对人体健康大有益处，常饮也可改善一些慢性疾病，使人远离亚健康状态。但同时，研究结果指出了喝茶要讲究科学，长期过量喝茶，对身体也会带来不利影响，只有科学饮茶才能达到健康的功效。因此我们要提倡健康饮茶、科学饮茶的方法，具体如下。

### （一）喝茶应适量

喝茶量的多少取决于饮茶习惯、年龄、健康状况、生活环境、风俗等因素。根据人体对茶叶中有效成分、营养成分及水分的合理需求，成年人以每天泡饮干茶5—15克为宜。这只是对普通人每天用茶总量的建议，具体还须以实际情况为准。如一般健康的成年人，平时有饮茶习惯的，一日饮茶12克左右，分3—4次冲泡为宜。

针对不同职业来说，重体力劳动者、士兵、户外工作人员等适宜多饮茶，对调节体液、保护皮肤有较明显效果；脑力工作者也适宜多饮茶，有利于舒筋活络。以上两类人群均建议一日饮茶20克左右为宜。特别要注意的是油腻食物较多、烟酒量大的人可坚持长期每日饮5—12克茶叶，长期饮用有保健功效，但以不超过12克为宜。孕妇和儿童、神经衰弱者、心动过速者饮茶量应适当减少或不喝。

而潮汕地区饮茶习惯，有"大把茶叶塞满壶"的有趣典故，足以说明当地人品饮茶叶浓度过高，常见冲泡单丛均投茶量为6—8克，武夷岩茶、铁观音有些甚至达到12.5克，采用110毫升盖碗，茶水比达到1：8者1：13又或是1：18。根据科学饮茶量，建议适当调整茶叶量，投茶5克为宜，控制1：22的茶水比，长期品饮更有益于身心健康。

### （二）喝茶应适饮

根据大部分人日常品饮习惯及潮汕当地常饮乌龙茶类，我们会发现大部分情况下头道汤是不饮的，除却有"头冲脚惜，二冲茶叶"的历史典故，更因为我们常把头道茶汤称为"润茶"，认为其茶叶本味还未出来即不品饮。但是根据茶叶内含物质浸出速率研究，我们会发现茶叶内质浸出受水温、冲泡次数、茶水比等多种因素影响，其中研究冲泡次数影响茶多酚浸出情况报道较多且均表明，无论何种茶类，第一泡的茶汤中茶多酚含量最高，水溶性糖、咖啡碱、氨基酸等也是第一泡茶汤中含量最高。特别是茶叶冲泡起始阶段（1—2分钟），茶多酚、氨基酸、咖啡碱、水溶性多糖等内含物质迅速溶解于茶汤中，茶汤中内含物质浓度比例与茶叶中内含物质比例相近，因此建议在茶叶品质健康、有保障的情况下，大部分茶可以不洗，需要润茶的话在3秒内把第一道冲掉，或者第一泡降温保留更多低沸点物质，适当品饮头道茶汤。

### （三）喝茶应适时

众所周知，茶能助消化，因此空腹不宜饮茶，以免冲淡胃酸，妨碍消化。饭后半小时饮茶较好，此时若胃酸消化食物不完全，饮茶可刺激胃酸继续分泌，帮助消化。睡前1小时不宜饮茶，否则心脏机能亢进，精神兴奋过度，容易引起失眠。神经衰弱者和患失眠症者傍晚后就不宜再饮茶。

那么在不同季节中，我们也可以根据每个季节的不同特性选择相适应的茶品。如果是春季，刚经过一个冬天，身体难免积累些许寒气，趁着春天来临，万物复苏，可以适当喝一些花茶，花茶甘凉而兼芳香辛散之气，可以提神，令人神清气爽，缓解春困带来的不良影响。夏天炎热，人体出汗增多，水分流失加快，更容易中暑，此时品饮绿茶有助于清暑解热、去火降燥、生津止渴、强心提神等。秋季气候干燥，人体容易出现口干舌燥、皮肤干燥等现象，而这种干燥还会损伤咽肺，所以秋天应该以滋阴养肺为主，而乌龙茶茶性不寒不温，能消除人体内的燥热，达到清燥生津的功效。冬天气候寒冷，这个时候需要特别注重御寒保暖，适宜饮用红茶或黑茶，有助于生热暖腹，增强人体的抗寒能力。

除了四季饮茶不同，喝茶也可分一日三次，不同时间段，喝不同茶，有不同功效。如早上适宜喝绿茶，我们在经过一晚上长时间睡眠后，身体处于相对静止的状态，早上适当喝点绿茶可以有效提神醒脑、促进工作效率。午后适合品饮乌龙茶，有助于清肝润燥、补充人体所需维生素E。晚上适合在8点左右，或晚餐过后1小时后饮茶，选择喝黑茶、红茶或老茶，如熟普洱茶性致温纯，不会影响睡眠。因为晚饭之后体内自然会残留大量油腻之物，这个时候喝黑茶可帮助分解积聚的脂肪，既暖胃又帮助消化。

### （四）喝茶应适温

合理的饮茶首先要求避免烫饮，"不饮烫茶"，因为饮茶最佳温度的关键不是温度本身，而是食道和胃黏膜的承受能力。据报道，长期饮用

80℃以上的浓茶，会使茶叶中的鞣酸在食管烫伤部位沉淀，不断对食管壁上皮细胞进行刺激，促使发生突变，长此以往可能会造成食管损伤。因此建议饮茶时将温度控制在50℃—60℃为宜。

## 二、作为纽带：社交的功能

被列入联合国教科文组织人类非物质文化遗产代表作名录的"中国传统制茶技艺及其相关习俗"世代传承，形成了系统完整的知识体系、广泛深入的社会实践、成熟发达的传统技艺、种类丰富的手工制品，在人类社会可持续发展中发挥着重要作用。这其中，若要问中国哪个地区范围内的茶叶冲泡实践流传最广泛普遍，答案非潮汕地区莫属；若要问哪个类型的茶叶冲泡技艺最成熟突出，答案非潮汕工夫茶艺莫属。"在潮汕地区，哪怕你是去对方家里吵架，他都会先泡工夫茶给你喝。"这个在网络上屡见不鲜的段子通过极端夸张的情景把潮汕人爱喝茶、会喝茶的形象生动丰满地刻画了出来，"没有什么事是一泡工夫茶解决不了的"似乎已成为他们为人处世的原则。

确实，潮汕人的嗜茶程度已经达到无时不饮、无地不饮的境界。凭借化繁为简的智慧，潮汕人随时随地都能开启工夫茶模式。有条件的时候要喝茶，没有条件的场合里，创造条件也要喝。有潮汕人出没的地方，即使是遇到高速塞车、航班延误、手术住院，又或是扫墓祭祖、房屋装修、野外露营的时候，工夫茶也总能和谐地出现在他们的手边。可以说，茶已经渗透到潮汕人的血脉里，喝茶这件事也已经深深地刻进潮汕人的基因，工夫茶更是早已成为潮汕人生活必备的一部分。

潮汕民谚云："有潮水的地方就有潮人。"坊间更有"本土一个潮汕、海外一个潮汕、海内又一个潮汕"的说法。清朝《汕头巡道行署碑记》记载："潮为郡，负海阻山，延袤千余里。汕头特海滨一隅耳。其水斥卤不可食，风沙晦冥，濒洞无际。"三面环山、东朝大海、山地丘陵多而耕地少的潮汕地区，诚然并非农耕文明理想的居所。明清时期，受地理环境和人口压力的影响，潮汕人出外甚至出海谋生的风气日见炽盛，成规模的人口迁移也从彼时开始写就潮汕成为侨乡的历史。有关数据显示，目前海外华人华侨总数已超过6000万人，分布在世界的198个国家和地区，其中祖籍潮汕的华人华侨人数超过1500万人。因此，潮汕人走到天南地北，都可能会遇上老乡，有潮汕人甚至开玩笑道："莫愁前路无知己，天下皆是胶己人。"

许多侨居或移民海外的潮汕人仍然保存着冲泡和品饮工夫茶这个习俗。在有潮汕人的异国，也时常可以看到"胶己人"们围坐在一张桌子前，一个盖碗或茶壶加上三个小茶杯，"关公巡城"几趟、"韩信点兵"数回，分批分次啜饮着工夫茶的场景。每轮喝完，主泡者都会烫洗一遍茶杯，再为后来者斟上好茶。

而在潮汕本地"胶己人"的生活中，工夫茶更是无处不在。在潮汕民间有"卖呷茶，娶无亩"的方言俗语，意思是不会喝茶就娶不到老婆。可见，潮汕人几乎是把茶看成生命的一部分，把冲泡工夫茶看成必备的生活技能之一。事实上，在待客、交友、拜师、祭祀、商务往来等活动中，工夫茶冲泡及品饮都是重要的沟通媒介。以茶敬客、以茶敦亲、以茶睦邻、以茶结友，工夫茶早已成为潮汕人联结情结的重要纽带，对构建和谐社会有其独特的作用。

## 三、作为享受：休闲的功能

"解放以来，京省人士，莅潮考察者，车无停轨……其最叹服者，即为工夫茶之表现。他们说潮人习尚风雅，举措高起，无论嘉会盛宴，闲处寂居，商店工场，下至街边路侧，豆棚瓜下，每于百忙当中，抑或闲情逸致，无不惜此泥炉沙铫，举杯提壶，长饮短酌，以度此快乐人生。"在这段翁辉东为《潮州茶经·工夫茶》作的自序中，他描绘了若干个松弛惬意的场景，表现了工夫茶另一个极其重要的功能。一众好友热闹茶聚也好，一人自在静坐独饮也好，都是在享受工夫茶带来的休闲和舒适，用茶的香气、回甘、韵味放松紧绷的神经。

潮汕人的生活有多离不开茶？工夫茶对潮汕人有多重要？如果说翁老先生笔下20世纪50年代的情景让你觉得年代太过久远、画面不够鲜活的话，这里再举近几年发生的真实例子。

2021年10月，受台风"狮子山"外围环流影响，汕头市中心城区和附近海面降水明显，部分地区积水严重。在汕头融媒集团的一条相关新闻报道中，一位朴实的潮汕村民大叔在回答记者采访"淹水最厉害的时候啥样子"提问时，脱口而出"无法喝茶"。这个典型的"潮式"回答立即引起网友的争相转发，微博相关话题的阅读量合计超亿次，引发了人们对潮汕地区饮茶习俗的好奇与探究，人民日报社主管主办的"国家人文历史"公众号更是因此发表文章《不能忍受的最高级竟是不能喝茶：潮汕人究竟多爱喝茶？》，认为用"无法喝茶"来形容淹水程度，可见喝茶在潮汕人心目中是何等重要。

没到过潮汕地区的外地人或许很难想象潮汕人的十二时辰里会有这样的情景：清晨6点，睡眼惺忪的猪肉佬（潮汕方言称卖猪肉的人）刚给顾

潮汕人的"茶盘家伙"，郑丹萍摄

客切下2斤好猪肉，便转身在猪肉摊的茶台上给自己冲上了一杯茶提神；下午2点，街头甘草水果店的老板优哉游哉地泡上工夫茶，静待顾客上门；凌晨3点，肠粉店的老板在蒸好肠粉端给食客后，懒洋洋地走回自己的位置，一边泡茶一边请食客同饮……

潮汕摄影人郑丹萍发现，行走在家乡的土地上，每家每户，酒楼饭馆，街头巷尾，市场商铺，草地凉亭，到处都有喝工夫茶的人。于是她试图通过对自己在不同时间、不同场合喝过的工夫茶所用的茶盘和茶具的记录，来展现潮汕人对喝茶的热爱。她说："在潮汕，茶叶叫作'茶米'，喝茶叫作'食茶'，可见茶在潮汕人心目中的地位。我们可以从那些精致讲究的茶盘茶具，看出潮汕人对茶的喜欢，更能从那些以地为桌的简陋茶盘，看出潮汕人对茶的痴迷。喝茶，是潮汕人生活中不可缺少的一部分，也是潮汕人身份的象征。"

中国当代著名散文作家秦牧，祖籍汕头澄海樟林。他曾在《敝乡茶事甲天下》写道："在汕头，常见有小作坊、小卖摊的劳动者在路边泡功夫茶，农民工余时常几个人围着喝功夫茶，甚至上山挑果子的农民，在路亭休息时也有端出水壶茶具，烧水泡茶的。从前潮州市里，尽管井水、自来水供应不缺，却有小贩在专门贩卖冲茶的山水。有一次我们到汕头看戏，招待者在台前居然也用小泥炉以炭生火烧水，泡茶请我们喝，这使我觉得太不习惯也怪不好意思了。那里托人办事，送的礼品往往也就是茶。茶叶店里，买茶叶竟然有以'一泡'（一两的四分之一）为单位的，这更是举国所无的趣事。"又在《中国茶道》提到，"有一次，我在汕头市街头溜达，竟然还看到一个三轮车工人在候客的当儿，从车斗里拿出一套炉具、茶具来烧工夫茶喝，那副悠然自若的模样儿，也像在花厅里品茶一样。"在秦牧笔下，潮汕茶事之盛被生动而传神地表现了出来。

柴米油盐酱醋茶自古以来就被人们合称为"开门七件事"。许多潮汕"老茶客"会毫不犹豫地把原本列为末位的茶"晋升"到第一位。每天起床后喝上两杯工夫茶，长斟短酌之间，细品慢饮之时，倦意一扫而光，一天可能迎来的劳碌生活也变得有滋有味了起来。有人因此调侃，如果把茶解构为"人在草木间"，那人群中排头的那一个，八成是个潮汕人。

## 四、作为技艺：审美的功能

俗有柴米油盐酱醋茶，雅有琴棋书画诗酒茶。雅俗之间，工夫茶可以说是潮汕人表达审美情趣最常见不过的载体。美贯穿于工夫茶冲泡和品饮的整个过程。通过对潮汕工夫茶器具、用水及其冲泡程式所提供的境界和情调的欣赏和玩味，人们可以发现其中丰富多彩的美的形态，从而激发起内心的情感波澜，体验到某种人生情趣和意蕴，甚至领悟到宇宙和历史的无限和永恒，从而获得畅神悦志的精神愉快，这便是工夫茶所体现的审美功能。

前文提及"和"作为潮汕工夫茶的核心精神内涵，贯穿于工夫茶的方方面面，这工夫茶实践中的"和"在审美活动中就集中并升华为"中和"之美。"中和"在哲学上是一种本体论，同时又是一种审美理想，还是一种最基本的中国古典审美形态。在工夫茶独特讲究的冲泡程式中，洗杯时滚杯的动作，洒茶时"关公巡城"和"韩信点兵"的动作，都是在表现"中和"之美。

中国的农业文明强调对生命自身的尊重与热爱，推崇"活""生""畅"，忌讳"滞""板""僵"，因此出现了气韵这种古典审美形态，是中华传统文化中源远流长的气的思想结出的果实。工夫茶的"气韵"之美，体现在形制精巧、造型生动的茶器中，体现在"活水还须活火烹"、精准的择水与煮水中，体现在高冲低洒、刮沫淋盖等一系列协调流畅的冲泡动作中，体现在闻香轻啜时茶的香气、回甘和韵味中。

美学理论将艺术作品的基本层次结构分为物质实在层、形式符号层、意象世界层和意境超验层。如果说意象世界层是人类经验范围内的东西，那么意境超验层则是一种超越人类特定经验领域的形上至境，是人生哲理意味的最高境界。工夫茶的"意境"之美，体现在一场气氛恰到好处的工夫茶事中，只一壶三杯，取一泓山泉，泡一道好茶，别无他物，然而品茗者却顿觉处身草木之间，感受宇宙无尽。

## 五、作为茶道：修养的功能

冲泡和品饮工夫茶，修身养性，小可怡情，大可托志。前面讲过，工夫茶对儒释道三大文化体系的体现，展示了潮汕人以儒济世、以道修身、以佛养心的精神力量，在广泛深入的社会实践中对潮汕人的道德修养和人格塑造产生了深远影响。

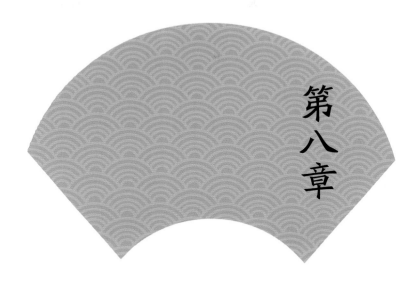

第八章

工夫茶之茶配

在江浙一带的茶馆，服务员一上桌就会把各式各样的茶食摆上，瓜子、花生、腰果、果脯、饼干等，与其说是去喝茶、饮茶，更多时候大家是在嗑瓜子、吃茶食，所以江南人把"喝茶"说成"吃茶"，说明茶食在江南茶席中的重要性。而在潮汕地区，虽然也把喝茶说成"食茶"，但是很多潮汕之外的茶友会发现，茶食并不是工夫茶席的必要搭配。甚至出现一种现象，有外地游客在潮汕茶店质疑店老板的专业性不够，竟然没有配备茶食，需要店主一番解释后，才让外地客人对工夫茶有了更深层的理解。潮汕人将茶叶称为"茶米"，从早喝到晚，因为其选用的茶叶大多茶性温和不伤胃，更有"食茶饱"的说法，所以较少在茶桌上摆放茶食。

工夫茶虽好喝，但喝多了人的血糖也会降低，有些茶也会让人饥饿难耐，所以要吃点东西缓一缓肚子，让身体更舒服些。潮汕人给这类佐茶小食赋予了专有名词"茶配"，有工夫茶伴侣之意。潮汕茶配多达几十种，每一种都独具特色，以至每一种茶都能找到合适自己的茶配。

工夫茶与茶配

茶配在潮汕地区的流行、发展，既与饮茶的风俗有关，也与潮州在清代中期之后成为全国的蔗糖生产中心有直接的关系。它的历史可以追溯到唐朝，据史料记载，潮汕茶配是从"唐饼"发展起来的。唐宋年间，潮州已出现饼食作坊。清初有名点"米花喜糖""五云方糕"。清代中叶，有月饼、五仁饼和各式茶配，均享誉海内外。1949年中秋节，梅兰芳参加上海源诚饼食店的店庆，品尝过潮汕工夫茶和茶配之后，欣然写下"茶食泰斗"的题词。而实际上，当时潮汕人在上海开设的饼食店多达20家，源诚不过是其中一家而已。时至今日，我们在上海仍然可以找到一家经营了180多年的潮式饼食店——元利号，创于道光十九年（1839年），由潮阳和平人马义宗和庄姓同乡合伙开设。1982年，梅兰芳之子京剧表演艺术家梅葆玖在北京品尝了潮州朥饼后，交口称赞，并依其父所题的四字再次回赠，遂成为饮食界的美谈趣事。

潮汕茶配因为佐茶的需要，形成了两个主要特色：一是含糖量高。为了缓解浓茶和大量饮工夫茶所带来的低血糖现象，适当地补充糖分，可以让人更快地恢复体能，所以潮汕在做茶配过程中较多采用蔗糖，如南糖、明糖、酥糖等；束砂包住花生仁的那层糖衣，也是由纯净白糖制成的反砂糖霜。另一特色就是油脂含量高。因为茶叶中的咖啡碱能够刺激中枢神经系统，提高新陈代谢率，使消化系统更加高效地运转。胃动力的增加，胃酸分泌增加、肠胃蠕动也随着加快，容易让人产生消脂解腻或者饥饿的感觉。一些油脂含量高的食物可以让人有饱腹感，缓解饥饿感，如贵屿朥（猪油）饼、腐乳饼、浮豆腐、油索等。这些茶配要么是采用猪油为原料，要么就是通过油炸方式加工。

根据原料及工艺特色，潮汕茶配又可分为糖饼类、瓜果类和点心类三大类。糖饼类品种主要有绿豆饼、糖葱薄饼、酥糖、南糖、豆仁方、芝麻条、明糖、姜糖、达濠米润、海门糕仔、田心豆贡、棉湖糖狮、黄冈宝斗饼等。瓜果类主要是以蜜饯为主，如糖渍类的黄梅、蜜橘，还有反砂类的柑饼、冬瓜册等，表面附有白色糖霜；姜糖片、加应子等也属于瓜果类茶配。点心类主要是经过烹饪加工而成菜品用于佐茶，如反砂芋头、潮汕卤水（卤鹅、卤鸭、卤肉、卤猪脚等）、猪头粽、浮豆腐等。

# 一、糖饼类茶配

潮汕糖饼类茶配有"春酥、夏糕、秋饼、冬糖"四时之分外，不同节气、不同区域的茶配也不尽相同。采用花生为基本原料，就可以做成豆方（花生糖）、酥糖、南糖、束砂、糖狮等多种茶配，而在各地又形成其特色美食：仙城束砂、田心豆贡、靖海豆辑、龙湖酥糖、沙浦酥糖、棉湖糖狮等。下面介绍几款特色茶配：

## （一）花生糖（豆方、酥糖）

花生糖，在潮汕又被称为豆方、酥糖，是最具潮汕特色的传统名点之一。因为潮汕话把花生叫作"地豆"，所以就把做成方形的花生糖叫作"豆方"，成条形的花生糖被叫作"豆条"。其特点是香脆酥甜，除了作为茶配之外，还是潮汕人逢年过节祭祀的必备供品，也是家有喜事招待亲朋、馈赠亲友的佳品。

汕头市濠江区的沙浦酥糖以酥而不脆、甜而不腻，风味独特闻名遐迩。其制作技艺由濠江区珠浦村黄氏第十七世祖黄诚斋始创，并以"黄源盛"的铺号传承至今。民国时期注册并使用"双狮戏球牌"注册商标行销海外。两百多年来，黄源盛饼店的历代传人始终如一地坚守着祖传技艺。

酥糖                                    珠浦村酥糖店

2018年4月，"沙浦酥糖制作技艺"入选广东省汕头市濠江区"区级非物质文化遗产项目"。

## （二）南糖

南糖跟酥糖虽在外形有点相似，但口感完全不同；南糖脆而韧，甜而香，是很受人喜爱的茶食。南糖名称的由来，与其制糖时浇淋工艺有关。制作南糖时，需要将备好的干料放进以食用膜垫底的长方形铁盘中，然后将熬制好的糖浆浇淋在干料上。由于浇淋这一动作在潮州话中音为"南"，"南糖"便由此得名。

南糖的制作工艺讲究，在其表面有一层薄薄的糯米膜，也是很多人对南糖的特殊记忆，用舌尖轻轻舔舐薄膜，然后再咬一口南糖，胶软而不粘牙，花生香酥

南糖

而松脆，吃起来甜而不腻，那种感觉是相当让人满足的，绝对是待客喝茶的必备利器！

### （三）朥饼

潮汕的朥饼有着享誉海内外的美誉，被认为是潮汕人的月饼，出名的有贵屿朥饼，已有近200年历史，不同于其他朥饼的特色是皮薄、馅松、味道清醇甘香，别具风味，其特色是皮薄而脆，馅厚而清，凉喉爽口，香甜软润。2015年11月，"贵屿朥饼制作技艺"被列入"省级非物质文化遗产代表性项目名录"。较为著名的品牌有"薛源合""陈高合"等。

（上下图）贵屿朥饼

贵屿朥饼采用的是新鲜优质的白肉、珠葱头、白砂糖和麦芽糖等料，再加上适当"储料"，烤焙成饼后，皮脆馅嫩，油而不腻，芳味扑鼻，香甜适口。贵屿朥饼制作的工艺、用料都十分讲究。

贵屿朥饼造型小巧，饼身较扁，但都是正圆形，饼的正反面还盖上红色的印戳，形成了潮汕地区独特的饮食文化符号。

### （四）束砂

束砂，状如雪砂，是一种具有广东潮汕地方特色的传统小吃，属于潮式甜点。它以花生仁和白糖为主要原料，经过手工工艺制作，做成颗粒状，有白和红两色，经过包装，可以保持较长时间。它分甜、咸口味，是潮汕人配茶和节日送客礼物的佳品。束砂当属汕头市潮南区仙城镇最为有名，当地知名品牌包括"赵升合""赵嘉合"等。2022年4月29日，"束砂制作技艺"被列入"广东省第八批省级非物质文化遗产代表性项目名录"。

（上下图）仙城束砂

清同治年间（1862年—1874年），潮汕人用熟制的花生米簸上煮炼过的白糖，摇簸制作而成颗粒状糖果，称束砂。所用花生米均经精选，去除小粒和霉变"臭仁"，使颗粒大小相近，品质优良。制作后糖衣均匀、洁白、酥脆，成品质地松脆，味道香甜，深受赞赏。至清光绪年间，潮汕束砂名闻遐迩。当时曾流传："潮汕束砂香又甜，清爽可口惹人尝，束砂一碟茶一泡，潮汕风味胜山珍。"潮汕后裔继承了这一传统技艺，所产束砂糖厚薄均匀，十分香甜爽口。

### （五）糖葱薄饼

糖葱薄饼，又叫"箔饼卷糖葱"，是一种潮汕的特色小食。据史料记载，糖葱薄饼创于明代万历年间，流传已有400多年。明朝潮州知府郭子章记载："潮之葱糖，极白极松，绝无渣滓。"其中的糖葱，是用白糖和麦芽糖经过特殊加工而成的，又因其最后形成似葱孔的长方形而得名，入口酥脆而香甜。

糖葱薄饼的吃法也很有意思，把三张薄饼叠摆成"品"字形，中间

（上下图）糖葱薄饼的包法

放两块糖葱，撒上碎花生米、黑白芝麻，根据个人喜好还可以加上一些香菜，包起来，就是美味可口的糖葱薄饼。

### （六）绿豆饼

潮汕绿豆饼，到现在应该有上百年历史。绿豆饼做工精细，工艺讲究，其外皮多层酥脆、馅料香甜、入口松软、内馅饱满，一咬满口留香，老少咸宜，是送礼佳品。

绿豆饼皮是多重薄皮叠成的，水油皮包裹着酥皮，点缀几颗黑芝麻，又香又酥又脆，一口咬下去很容易散开，每一口都酥到掉渣。细品绿豆饼的豆馅甜润细腻，口感绵密，清甜不腻，绝对是工夫茶客的配茶首选。

绿豆饼在潮汕地区广为流行，每逢初一、十五拜老爷，都少不了它的身影；红纸包裹的绿豆饼，寓意合家团圆，是八月中秋拜月的必备供品。

（左右图）潮汕绿豆饼

### （七）腐乳饼

腐乳饼是潮州市的一种特色小吃，其造型小巧，有独特的南乳、蒜头和醇酒的气味，芳香可口，甜而不腻。很多年轻人因为不习惯南乳的特殊气

腐乳饼

味不敢吃，但对于长辈们来说，哪怕是没牙都想吃一口腐乳饼。腐乳饼柔润清香，甜里带着特殊的香味，现在已经成为潮州城市重要的旅游特产。

腐乳饼的制作非常讲究，是潮汕小吃中用料最多的一种，这么多的馅料并非是简单地揉搓为一团就行，各种原料的加工颇为考究。投料要求先后有序，烤焙也有章法；成品要求饼皮薄而不裂，饼馅饱而不露，干润而不焦燥。

# 二、瓜果类茶配

在茶桌上，摆点果脯、蜜饯作为茶点都是再平常不过的事情，但是在潮汕，还有很多特色的瓜果类茶配，例如"潮州三宝"——老香黄、老药桔、黄皮豉，这些药食两用的食材也被用来当作茶配，还有冬瓜册、柿饼等。其中特别是以下几个。

## （一）橄榄——唯一的水果茶配

在潮汕，橄榄是唯一可以与工夫茶搭配的新鲜水果。其果色有青色，也有金黄。可以直接生吃，肉质爽脆，初感微涩然回味甘甜，嚼后满口留香，在潮州、汕头等地都有种植生产，其中最有名的潮阳金灶"三捻橄榄"，又名"三棱橄榄"，以蒂端略成"三棱"而得名。"三捻橄榄"果实成熟时果皮呈金黄色、光滑，肉质爽脆而不粘核，味道甘香而无涩味，嚼后满口生香，是橄榄中的一个珍稀品种。2008年，"金玉三捻橄榄"获批国家地理标志保护产品。

青橄榄

元代诗人洪希文有诗云："橄榄如佳士，外圆内实刚。为味苦且涩，其气清以芳。侑酒解酒毒，投茶助茶香。"可见古人很早就把橄榄和茶放在一起食用。研究表明，橄榄中含有丰富的酚类化合物和黄酮类物质；虽然嚼后苦涩，但是苦后回甘，其生津止渴的原理与茶叶相同，这也是为什么青橄榄可以用来和工夫茶搭配。好的青橄榄品种如金灶三捻橄榄有丰富的营养成分，其中氨基酸种类达到16种之多，生吃无渣，细嚼回甘持久，嚼后唇齿留香。

蜜饯橄榄

甘草橄榄

一杯浓酽的工夫茶，入口微涩，随后也是苦尽甘来，满口芬芳，唇齿留香。与此同时，嚼上一颗三捻橄榄，其鲜果甘香随即充盈四周，甘甜随之而来，简直就是一种享受。

橄榄除了生吃之外，还可以用来腌制蜜饯、甘草水果等。甘草橄榄是以橄榄为原料而制，味道清香甜蜜，十分可口，闻时有一股清香的甘草味，吃时酸酸甜甜，嚼烂后依然回味无穷。

## （二）冬瓜册

冬瓜册，又名冬瓜丁，简称瓜册，是用冬瓜瓤肉为原料，切成薄片蜜饯制作而成的一种潮汕凉果，味道清甜，润喉清肺。冬瓜册的制作历史悠久，据说超过300年，起源于揭西县棉湖镇。冬瓜册有两种

冬瓜册

形状，一种是一条条的四方长条状，另一种是一片片的薄片状。

冬瓜册制作工艺考究，不能用日常市场卖作蔬菜的稚瓜，要选质地纯良、秋后才能收成的老瓜，即外表呈墨绿色、瓤厚皮硬的大冬瓜，切块处理后在糖液中熬制而成。冬瓜册外表有一层凝固的白砂糖，吃起来口感清甜爽口，有润喉清肺的功效，也常被用在饼食和甜汤里作为调料。

## （三）柑饼

蕉柑在潮汕文化中代表吉祥，每逢春节亲朋好友串门，都会带上一堆柑橘，称为大橘。腌制厂除了用它来腌制柑皮之类凉果产品，还有一部分适中的蕉柑就被用来制作柑饼。柑饼味道如蜜糖般香甜，饱满有肉且有嚼

劲，更有理气健胃、祛痰的功效。一层糖霜包裹着被压榨过的柑制成的柑饼，闻时有柑的芳辛味，咬时肉质有点韧而胶润，一口下去满口橘汁，果香飘溢。

柑饼

# 三、点心类茶配

美食纪录片《舌尖上的中国》总导演陈晓卿在对潮汕美食深入了解之后，称潮汕为"中国美食界的一座孤岛"。2023年11月，潮州被联合国教科文组织评为"世界美食之都"；汕头也有着"中国潮菜之乡""全国美食地标城市"等美誉。在这样的城市里，擅长美食烹饪的人们总会在喝工夫茶之余，亲手做一两道配茶小菜。

## （一）反砂芋头

反砂芋头，是一道著名的潮汕小吃。反砂是潮汕菜的一种烹调法，是把白糖融成糖浆后投入炸熟的食材，让其冷却凝固，待裹在食材外层的糖浆变成白霜便成。反砂芋头，就是用富含淀粉的芋头加白糖反砂制成，其芋头外层香脆，芋头内部的软糯绵密，还有独特的芋头香味；而外层的白砂糖均匀酥

反砂芋头

脆，白砂糖的甜蜜搭配上芋头吃起来会有点腻，但配上浓酽的工夫茶，那舒适感不言而喻。

在潮汕小吃中，反砂芋头和番薯常摆放同一盘中，因其金银两色而得"金玉满堂"之美称。除此之外，反砂腰果也是老百姓比较喜欢的茶配点心。

### （二）浮豆干（炸豆腐）

浮豆干，又名炸豆腐，是广东省潮汕地区闻名遐迩的一道传统小吃，深受潮汕人喜爱，比较有名的是凤凰浮豆干和普宁炸豆腐。凡到凤凰山旅游的人，都必定要一尝这名小食而后快。凤凰浮豆干在凤凰地区已有几百年历

普宁炸豆腐

史了。吃凤凰浮豆干时，除要和"草仔"一起吃外，还可蘸辣椒、蒜泥、醋等酱碟进食。清爽的浮豆干和略带薄荷味、苦甘味的"草仔"相配，味道上相得益彰，口感非常好，更体现了鲜明的凤凰山特色。

相较于凤凰山的浮豆干，普宁炸豆腐也是特色鲜明，不同于"草仔"蘸料，普宁炸豆腐蘸的是韭菜盐水。炸出来的豆干，金黄、酥脆后切开，金黄的皮下尽是嫩白的玉浆，热气腾腾的，蘸上韭菜盐水，或淋上辣椒盐水，吃起来外面酥脆里面嫩滑，口感超级清纯咸香，美美的味道溢于口腔。

因为炸豆腐的操作简单快捷，用来配茶又很有特色，所以在潮汕地区备受欢迎。

第九章

工夫茶之茶俗趣闻

潮汕茶俗 第一节

## 一、客来敬茶

中国人自古以来讲究以茶待客、以茶示礼。凡有客人到来，主人定会捧出一杯热气腾腾的清茶，这是基本的礼仪，可以表敬意、洗风尘、叙友情、重俭朴，主客在饮茶时共叙情谊，其乐融融。这一传统礼仪至少已有上千年的历史。

据史书记载饮茶最早起源于晋代王濛饮茶一则："晋司徒长史王濛好饮茶，人至辄命饮之，士大夫皆患之，每欲往候，必云：今日有水厄。"这说明晋代茶已用来招待客人，只是当时许多人还不习惯饮茶。客来敬茶晋时虽尚未形成普遍礼仪，但已见开端。随着茶叶生产的发展和饮茶的普及，尤其到了唐宋，茶道大行，客来敬茶也就相沿成习、流传至今。宋代《南窗纪谈》写道："客至则设茶，欲去则设汤。不知起于何时？上自官府，下至闾里，莫之或废。""客至则设茶"，至今仍是最常见的社交礼仪。在潮汕地区客来敬茶这一传统礼俗早已成为一种"根深蒂固"的行为模式，无论客人拜访、亲戚登门，还是上级巡视，都要以工夫茶款待，而且主人都要亲自操持，一丝不苟。倘若这时再来新客，主人应向来客细心表示这是第几冲的茶，常言道"头冲是皮，二三冲是肉，四五冲已极"，如此正冲第三冲，则表示客人正赶上"茶肉"的好时机。当冲过四遍以后，主人会重新换茶。更有甚者，无论茶汤冲过几道，一有客来便倾掉换新茶，重新冲泡，以免被人嫌弃"食茶尾""无茶色"，认为其有赶客之意，也表示对对方的尊重。

除却普通老百姓的生活日常，古代文人墨客之间也时常以茶叶互赠为礼物，这是因为相比起美酒佳酿，茶叶的价格相对便宜，符合"君子之交淡如水"的交谊传统，而以茶待客的官员也能以此表示简朴。我们所熟悉的许多茶诗从题目便能看出这种赠茶受茶的礼仪往来，如《走笔谢孟谏议寄新茶》《故人寄茶》《谢李六郎中寄新蜀茶》《寄献新茶》等。

## 二、宴席跟配工夫茶

在潮人的饮茶习尚中，特别之处便是在宴席中间穿插工夫茶，这是潮汕宴席的重要特色。北宋大文豪苏东坡曾写过诗句："周诗记苦茶，茗饮出近世。初缘厌梁肉，假此雪昏滞。"再追溯至南宋时期，时任广东提举常平茶盐公事的杨万里在潮州时写过一首诗《食车螯》，其中有"老子宿醒无解处，半杯羹后半瓯茶"诗句，说明席间席后行茶的习俗早已流行。如今宴席跟配工夫茶不单成为潮州菜的重要组成部分，更是在分享推广的过程中遍布全世界。据潮菜大师朱彪初师傅说，一般以三四道菜后上一次工夫茶为宜。尤其是吃过较肥腻的、较松脆的食品后，或吃过甜品后，这时喝一盏浓浓、酽酽的茶，其效果竟同甘露相仿。一桌丰盛的美味佳肴，如果没有茶的配合，就好比红花没有绿叶。

因此一桌正宗的潮菜宴席中，一定要跟配上几轮工夫茶。尤其是在城市的正规潮菜宴席上极为讲究，每场宴席上的菜肴，其花色品种皆是少而精，菜肴的搭配，也是有荤有素、有菜有汤，口感上或清鲜或脆软，足以充分调动人们进食的积极性。其中在茶叶搭配上也别有一番讲究，根据食材风格、口感偏好、菜色搭配与视觉效果等综合因素选择不同的茶叶品种，与菜肴呼应，相辅相成。例如：潮汕人喜食海鲜，追求海鲜清爽，原汁原味的特性，可搭配优雅具有冷冽花香的凤凰单丛，入口花香高爽、回甘悠长，充分延伸海鲜的鲜甜感，增鲜又清雅爽口；在食用肉类时，可搭配味道甘醇、香气浓郁多变的大红袍，既能衬托出肉类浓厚的滋味，同时消滞解腻……考究起来，茶清香而味浓，在宴席中既有漱口的作用，以便不会让前一道菜的味道影响到第二道的味道，又有解腻增欲、开胃消滞的作用，可以说茶是最适合搭配中国菜系的饮品了。

# 三、茶与婚俗

在我国，茶被看作是一种高尚的礼品，是纯洁的化身和吉祥的象征，从而被寄寓了某种特定的含义，因此，茶与婚俗结缘很早。无论是唐朝时期茶叶成为婚姻不可少的礼品，还是宋朝由原来女子结婚的嫁妆礼品演变为男子向女子求婚的首要彩礼，无一不说明茶在我国古代的婚礼中的地位，从日常生活的"一般礼品"发展为代表整个婚礼、彩礼的"重要礼品"，具有美好的象征意义。至元明时，"茶礼"几乎为婚姻的代名词。

明人郎瑛在《七修类稿》中，有这样一段说明："种茶下子，不可移植，移植则不复生也，故女子受聘，谓之吃茶。又聘以茶为礼者，见其从一之意。"在婚礼中用茶为礼的风俗，也普遍流行于各民族。

而在潮汕地区每逢红白喜事，茶也在其中扮演着不同的角色。潮汕婚俗中习惯敬奉"甜茶"（即茶叶加糖泡出来的茶汤），潮汕人也称为"祝福茶"，寓意甜甜蜜蜜、吉祥如意。潮汕民间婚庆当天，新娘子要用大红盘，端着24只红木杯，斟上甜茶以迎敬贺喜亲朋客友。宴请亲朋之后，新娘也要用甜茶敬奉直系长辈。长辈按辈分高低端坐大厅，新娘跪着按辈分高低，依次奉敬甜茶。被敬者扶起新娘，饮茶双杯，讲些祝福话后要垫茶金，赠新娘红包或金银首饰，俗称"赏面钱"。昔日新娘敬茶，伴娘要做"四句"：

手捧甜茶跪厅中，敬奉爹妈上辈人。

请饮甜茶添百福，四时如春永平安。

婚后第二天，新娘须早起床，盥洗修容，上厅堂拜祭祖先后，端甜茶敬长辈亲属，一来表示孝敬长辈，二来表示合家甜蜜。敬茶按辈分依次进行，先祖辈，次父辈，先男后女，逐一敬奉。

除了新娘子有行跪奉甜茶之礼，新女婿在喜庆日子也要跪奉甜茶。如揭阳一带，女儿出嫁之后，娘家须择一吉日良辰，或趁乡里游神赛会演戏等时机，备酒席邀请新女婿过府赴宴坐首席（即"坐大位"），谓之"食红桌"。有的地方甚至还有全乡、全族举行集体宴请新女婿之俗。宴罢，新女婿回到岳家，向岳父岳母和岳家长辈们行跪奉甜茶仪式，岳父母及长辈赏给红包，谓之"赏面钱"。

# 四、茶与祭祀

在我国五彩缤纷的民间习俗中，"茶"与丧祭的关系也是十分密切的。"无茶不在丧"的观念在中华祭祀礼仪中根深蒂固。茶作为祭祀时的祭品由来已久，在古籍《仪礼·既夕》便有记载："礼茵著，用茶实绥泽焉。"茶就是茶，证实了茶作为祭品的事实。《周礼·地官司徒》中提到："掌茶：掌以时聚茶，以供丧事；征野疏之材，以待邦事，凡畜聚之物。"说明周代已经将茶作祭祀之用了。南北朝时梁朝萧子显撰写的《南齐书》中也有关于祭祀用茶的记载："我灵上慎勿以牲为祭，唯设饼果、茶饮、干饭、酒脯而已。"在历史的演进中以茶叶祭神祀祖亦成为民俗延续至今。

在潮汕地区，民间拜神之礼品也离不开茶。旧时潮汕农村中的公用水井正月初三举行开井仪式时（除夕封井），要祭拜井公井妈（奶），要用三杯清茶倒进井里。寺院庙堂，神座佛前供桌上，也常献清茶三杯。如今，不少潮汕人还保留在村里或家里的神灵殿堂上摆放茶叶的风俗。时年八节或先祖忌辰拜谒祖宗先人时，人们时常会备办茶叶敬奉，可以用茶叶加入热水泡制冲入杯中备用，也可用茶叶放入空杯之中，不加开水。不管是合族祭祀（俗称"祭祖"）还是在先祖墓前祭拜，都要用工夫茶作为供品，并且在祀典仪式中还要加入"敬茶"的环节，即由礼生（喊礼人）口念"上香茗"，主祭盥洗后双手奉三杯工夫茶在祖宗神位前作敬茶状，意在恭请祖先品茶。

而现如今，常见的祭祀是初一、十五各家铺户拜地主爷，逢年过节拜祖公、佛祖生等都须献茶，以此寄托着人们对逝者的哀思和敬重以及希冀祖先护佑后人的心愿。

# 第二节 工夫茶趣闻典故

## 一、茶薄人情厚

潮汕人把茶的浓度分为"薄""厚"，清淡为"薄"。其中"薄"指的是茶汤清淡，也就是泡了很多次的茶汤；"厚"是指茶汤的浓度，味浓。

不同的人说"茶薄人情厚"所表达的意思也不一样。如果客人说"茶薄人情厚"，它表达的意思是主人热情好客，主客之间的情谊深厚；而主人说"茶薄人情厚"，则表达了主人的自谦，说自己虽然情真意切，可是能力有限，只能拿出这样的粗茶薄水来招待，实在不好意思！

这个说法最早源自清朝年间。传说有个富家子弟，对茶的痴迷到了癫狂的程度，街坊邻居送了一个外号"茶痴"。他嗜茶如命，常到处求好茶、寻名茶，出手阔绰，曾以一千两银子购一两武夷岩茶。他虽懂得喝茶却不懂经商，也一无所长，最终因为买茶导致家产耗尽，只身一人带着积满茶垢（俗称茶渣）的宜兴小茶壶及一身泡茶品茶的本领离开家乡。

一日流浪至一户权贵人家门口，问其主人家要点吃食，主人给了点剩饭便要关门。流浪汉又开口要水泡茶，主人心中诧异，心想："连饭都吃不饱，还想喝茶？真是有意思。"但一看他的茶壶，倒是真正的宜兴名产，便想施舍几个钱，买下来。谁知他一点不为所动，扭头走人，那可是在他心里比命还贵重的东西。

不知走了多久，他来到一个小村庄，湖光山色，景致宜人，在村道的闲间（指空闲的房子，潮汕地区有很多"闲间"，在农忙之外，三五个好友会到这里喝茶、聊天）里，恰巧有几个农夫在冲茶。大家也不见外，见有陌生人进来，连忙让座，泡茶待客。这落魄的富家子弟很久未受到这种礼遇，心存感激，本来想表达几句谢意，但看到面前的茶汤色泽浑浊，便知这是劣质茶，不过他还是喝了。负责冲茶的农夫连声说不好意思，茶已泡了多遍，但没钱买茶叶了。破落子弟忙说："不要紧，不要紧，茶薄人情厚。"说道后便拿出自己的宜兴茶壶，用刚烧开的水，熟练地冲泡，请在座诸位农夫品尝。

众人只闻异香扑鼻，纷纷表示从来没有喝过这么好的茶，赞美声更是此起彼伏。一番攀谈后，大家知其经历，赶忙请他留下，还回村子里集资为他开店，把"闲间"改为茶店，并请他做"冲茶师傅"。他感念村民们的淳朴和真情，便真的留了下来，并在店门口写下了"茶薄人情厚"的经典话语，后也逐渐被各地传颂。而在现代社会，"茶薄人情厚"也会用在表达送礼的事情上，同"礼轻情意重"意思类似，表示虽送的茶叶不多，却饱含深厚情谊。


## 二、假力洗茶渣

"假力洗茶渣"中的"力"指的是勤劳的意思，潮汕话叫作"力落"，而"假力"则引申为假装勤劳，表明不是真正勤劳。旧时人们泡工夫茶都用冲罐（即孟臣罐），年长月久冲罐里面就会附着一层茶渣，老茶客认为这是茶叶的精华凝集而成，用它泡茶味道更加甘醇，因而视此为珍宝，不愿洗去。然而，偶有不晓其中奥秘者硬是将冲罐洗得一干二净，这样反遭责怪是"假力洗茶渣"，现多喻好心办坏事。

这个趣闻也来自古时潮汕一户习尚饮茶之风的家庭。这户人家中有一把茶壶已传三代，虽茶壶看起来结满茶渍污垢，但老人家格外喜欢，每日需用它喝上几口茶才算满足，即使将一些白开水倒进去，也能冲出来清冽香醇的茶。因此这一家人都将它看成传家宝。这一年家里娶进了一个儿媳妇。媳妇过门的第三天便开始料理家务。一天家翁外出，媳妇一看家翁平日里喝茶的茶具竟如此脏，便一股脑地把茶具搬出来清洗。等到家翁回来，一看真是哭笑不得，责骂道："你真是假力洗茶渣。"新媳妇摸不着头脑，不知家翁责备她所为是何事。后来"假力洗茶渣"便也流传开来，成了潮汕民间训责好心办坏事、弄巧成拙的一句俗语。

# 三、水滚目汁流

相传有一北方青年当了潮汕人的女婿，未曾喝过工夫茶。一日要到岳父岳母家做客，妻子提醒他，家里人肯定会请他喝工夫茶，妻子怕他一次性喝了三杯，便告诉他每次一杯一杯地喝。老公错理解为每一冲都要喝！于是每当岳父一叫"食茶"，他端起就喝；家里人以为他口渴，赶忙连续冲，他也一次不漏地喝！他本就是第一次喝工夫茶，不曾感受到工夫茶的深厚浓酽，直喝得他头冒虚汗，肚饿难耐，到后来一见水开，连声说道："水又开了，水又开了！"急得眼泪都出来了。这个笑话很快流传开来，产生了"水滚目汁流"这句俗语。

在潮汕话里，"水滚"意思是水开了，"目汁流"意思是流眼泪。而

"水滚目汁流"这句俗语指的就是对于一些超出本人承受能力的事情不要勉强而为,量力而行,否则后果难以承受。

## 四、头冲脚惜,二冲茶叶

潮汕人待客,对茶叶的冲泡极为讲究。本地有"头冲脚惜,二冲茶叶"的说法,"脚惜"在潮汕话中意思是"脚气",在句中可引申为洗脚水,那么为什么会有第一泡茶是洗脚水,第二泡茶是待客的好茶这种说法呢?

乌龙茶作为六大茶类中工艺最繁琐复杂的茶类之一,揉捻作为其中形成茶叶色、香、味、形的重要工艺之一,在早期做茶时采用古老传统制法脚揉,其脚受力重,有助于破坏茶叶细胞壁,帮助茶叶作形。潮汕人怕此做法带有脚气味,常洗过茶叶一遍后觉得干净了才能喝。那么随着揉捻机的面世,机械化水平的提升,茶叶加工器械也愈加完善,便也没有了脚揉不干净的说法。但因为乌龙茶特别是潮汕特有的单丛茶揉捻时条索紧结,在冲泡过程中需要慢慢舒展身躯、释放内质,因此还是要洗掉一遍,使茶叶充分与水接触,便于快速苏醒,更好品尝到茶叶的最佳品质。这在茶艺中也叫润茶,以第二道茶汤作为品饮茶。早期"头冲脚惜,二冲茶叶"这个有趣的茶俗趣闻流传了下来,其含义已经发生了衍变,赋予了把最好的东西留给客人的新意。

## 五、茶是乌面贼

潮汕人对茶有一个亲切的别称叫"乌面贼",这个词指的是茶叶的价格在市场当中没有一个明确的定价标准,茶商就是定价格的人,消费者不了解茶叶的真正价值，觉得价格会虚高，觉得难免受到欺骗，因此也经常叫茶商为"乌面贼"。从茶叶从业者的角度来说，茶价并非所谓的"无底洞"，它的价格是有一定的参照标准的。或许在潮汕地区早期茶叶发展阶段中，大部分人对于茶叶的加工工艺、品质等方面没有过多了解，会觉得茶叶的价格远达不到所售卖的价值，便会怀疑是茶商的售卖手段。但随着茶叶发展推广力度加强、喝茶习惯普及化，我们会发现茶叶在市场中的价格也逐步变得透明，更具合理性，消费者在购买茶叶过程中可以通过茶叶的产地、原料、加工技术、品牌体系等多方面综合去辨别茶叶的品质、衡量一款茶的价值，同时也可以根据自己的消费水平去购买等同价值的茶叶，便觉得物有所值。因此"茶是乌面贼"并不是一个贬义的说法，而更多的是我们早期对于茶叶价格体系的不完善所呈现出来的社会现象，也就作为早期茶叶的趣闻被大家熟知。

# 六、名人涉茶典故

千百年来，茶都是人们生活里的益友良伴，古今中外流传着名人与茶的趣闻雅事。

中国文学巨匠鲁迅先生说过："有好茶喝，会喝好茶，是一种清福。不过要享这清福，首先就须有工夫，其次是练出来的特别感觉。"说到工夫茶，鲁迅对此也有感触，早年他曾在广州和厦门教书，时常亲手仿效之。1957年周作人在《关于鲁迅二、三事》一文中就描述了鲁迅泡工夫茶时的情景："鲁迅在写作时，习惯随时喝茶，又要开水。所以他的房里，与别人不同，就是三伏天，也还要火炉；这是一个炭钵，外有方形木匣，炭中放着铁三角架，以便安放开水壶。茶壶照例只是急须，与潮人喝工夫茶相仿，泡一壶茶只可二、三个人各为一杯罢了。因此屡次加水，不久淡了，便须更换新茶叶。"

文学大师巴金先生也喜喝工夫茶。已故作家汪曾祺在《寻常茶话》一文中回忆早年在巴金家喝工夫茶的情形："1946年冬，开明书店在绿杨村请客。饭后，我们到巴金先生家中喝工夫茶。几个人围着黄色的老式圆桌，看陈蕴珍（即萧珊，巴金之妻）表演濯器、炽炭、注水、淋壶、筛茶。每人喝了三小杯。我第一次喝工夫茶，印象深刻……"从汪先生的回忆中可看出巴金先生嗜爱工夫茶才特地邀请朋友到家品尝。沈嘉禄在《茶缘》一文中也有记载20世纪90年代许四海泡工夫茶给巴金先生喝时的情景："四海就用他常用的白瓷杯放入台湾朋友送给巴金的冻顶乌龙，方法也一般，味道并不见得特别。然后他又取出紫砂茶具，按潮汕一带的冲泡法冲泡，还未喝，一股清香已从壶中飘出，再请巴金品尝，巴金边喝边说：'没想到这茶还真听许大师的话，说香就香了。'又一连喝了好几盅，连连说好喝好喝。"从沈氏文中可看出巴金先生喜喝工夫茶，对工夫茶连声赞赏，评价甚高。

久居台北的著名散文家梁实秋先生对工夫茶印象也十分深刻。他在一篇回忆早年与澄籍著名学者黄际遇先生于青岛喝工夫茶的文章中写道："随先生到其熟悉之潮州帮的贸易商号，排闼而入，直趋后厅，可以一榻横陈，吞烟吐雾，有佼童兮，伺候茶水，小壶小盏，真正的工夫茶……潮汕一带没有不讲究喝茶的，我们享用的起码是'大红袍''水仙'之类。"梁先生又在《雅舍小品·喝茶》中说："茶之浓酽胜者莫过于工夫茶。"可见，梁实秋先生对工夫茶印象深受好友任初先生（即黄际遇）的影响。此后梁实秋的茶单上，少不了武夷山的岩茶，更甚者回家后还要翻书研究："茶之浓酽胜者莫过于工夫茶。"由此，一位爱茶、喝茶讲究的文人形象跃然纸上。

　　潮菜特级大师朱彪初20世纪50至60年代在广州华侨大厦任厨师长时，不仅善于烹饪，而且还熟谙工夫茶道，冲泡工夫茶技术一流。他曾给毛泽东、周恩来、刘少奇、贺龙、陈毅、叶剑英等名人烹调潮州菜。1958年周总理在羊城视察"广交会"，一日午餐后，陶铸请来"茶博士"朱彪初为他泡潮州工夫茶。朱彪初携带工夫茶具在总理面前表演淋罐、烫杯、高冲低斟和"关公巡城""韩信点兵"等工夫茶技艺，周恩来总理兴致勃勃地观赏之后，亲手仿效朱彪初泡制工夫茶，表现出无限惬意。毛泽东主席喝了工夫茶之后，高兴地作出评价："香味浓郁，滋味醇厚，很有特色。"刘少奇也说："很好！"而叶剑英元帅更是每次到广州时，都要到华侨大厦来喝杯朱彪初冲泡的工夫茶。

　　国内名人学者喜喝和赞赏工夫茶的事例还有很多很多。例如1962年老舍来汕品尝了工夫茶之后，随即口占"品罢工夫茶几盏，只羡人间不羡仙"的诗句，中国著名女学者冼玉清教授在品尝潮菜和工夫茶之后，赞赏说："烹调味尽东南美，最是工夫茶与汤。"此外，郭沫若、林语堂、周作人、季羡林、蒋子龙、何满子等作家学者对工夫茶也有着很深的印象、美好的回忆。工夫茶这一茶文化的佼佼者，不仅在国内受到众多名人的喜爱和赞赏，而且在国外也同样受到不少专家学者的交口称赞和高度评价。

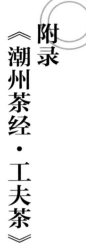

# 附录

## 《潮州茶经·工夫茶》

作者：翁辉东，又名梓关，字子光，别号止观居士。潮州市潮安县人，生于清光绪十一年（1885年），卒于公元1963年。曾任惠潮嘉师范学堂（韩山师范学院前身）学监、教师、代理校长等职长达9年。晚年为广东省文史馆研究员。生平著述颇丰，主要有《潮州方言》《潮州文概》《潮州风俗志》等。

序：解放以来，京省人士，莅潮考察者，车无停轨。他们见到郡郊新出土之宋瓷以及唐宋之残碑遗碣，明代之建筑雕刻，民间之泥塑挑绣，称为美丽的潮州。其最叹服者，即为工夫茶之表现。他们说潮人习尚风雅，举措高超，无论嘉会盛宴，闲处寂居，商店工场，下至街边路侧，豆棚瓜下，每于百忙当中，抑或闲情逸致，无不借此泥炉砂铫，擎杯提壶，长斟短酌，以度此快乐人生。他们说，往昔曾过全国产茶之区，如龙井、武夷、祁门、六安，视其风俗，远不及潮人风雅，屡有可爱的潮州之叹。余经此提示，喜动中悸，乃仿唐竟陵陆羽所著，作《潮州茶经》以志其概。俾认识潮州者有同好焉。梓园叟识。

公元一九五七年　清明

人类喝茶，殆与酒同。以为饮料，几遍世界。原因茶含单宁酸，具刺激性，能令人启迪思虑，更有文人高士，借为风雅逸致，凡在应酬交际，一经见面，即行献茶。在商业方面，亦赖茶为重要之输出品，揆诸事实，茶于人类生活，非占重要性，以为饮料，已属特别。惟我潮人，独擅烹制，用茶良窳，争奢夺豪，酿成"工夫茶"三字，驰骋于域中，尤为特别中之特别。良辰清夜，危坐湛思，不无念及此杯中物，实具有特别之素质与气味在。

工夫茶之特别之处，不在于茶之本质。（海内名茶，何处蔑有，潮人所嗜之茶，凡人均所能致，即潮州自产者，亦不过凤凰山茶、待诏山茶而已，与世无异。）而在茶具器皿之配备精良，以及闲情逸致之烹制。

潮地邻热带性，气候常温，长年需饮，以备蒸发。往昔民安物泰，土地肥美，世家巨族，野老诗人，好耽安逸，群以饮茶相夸尚，变本加厉，对于"茶质""水""火""用具""烹法"，着着研求，用于陶情悦性，消遣岁月。继则不惜重资购买杯碟，已含玩弄骨董性质。所以"工夫茶"之驰誉域中，其原因甚多也。钱塘陈坤子厚，咏工夫茶诗云："何人曾识赵州来，品到茶经有别裁。不咏卢仝诗七碗，金茎沆露只闻杯。"

爰将工夫茶之构造条件，朗列如下：

茶之本质：我国产茶名区，有祁门、六安、宁州、双井、弋阳、龙井、太湖、武夷、安溪，以及我潮之凤凰山、待诏山等。而茶之制法，则有红茶、砖茶、绿茶、焙茶、青茶等。茶之品种，则有碧螺春、白毛猴、铁观音、莲子心、老鸟嘴、奇种、乌龙、龙井等。（潮人呼茶为茶米，以精良茶叶，紧束如米粒状故云，今人已少有此语。）潮人所嗜，在产区则为武夷、安溪，在制法则为绿茶、焙茶，在品种则为奇种、铁观音。

取水：评泉品水，陆羽早著于先。潮人取水，已有所本，考之《茶经》："山水为上，江水为中，井水其下。"又云："山顶泉轻清，山下泉重浊，石中泉清甘，沙中泉清冽，流动者良，负阴者胜，山削泉寡，山秀泉神，真水无味。"（水乃二氢化氧，无色无味，实为水之本质，在茶水所谓良者，非真水矣）甚且有天泉、天水、秋雨、梅雨、雪水、敲冰之别。潮人嗜饮之家，得品泉之神髓，每有不惮数十里，诣某山坑取水，不避劳云。

活火：煮茶要件，水当先求，火亦不后。苏东坡诗云："活水仍须活火烹"。活火者，谓炭之有焰也。潮人煮茶，多用绞只炭，以其坚硬之木，入窑室烧，木脂燃尽，烟嗅无存，敲之有声，碎之莹黑，以之熟茶，斯为上乘。更有用榄核炭者，以乌榄剥肉去仁之核，入窑室烧，逐尽烟气，俨若煤屑，以之烧茶，焰活火匀，更为特别，他若松炭、杂炭、柴、草、煤等，不足以入工夫茶之炉矣。

茶具：《云溪友议》云："陆羽所造茶器，凡廿四事。"茶具讲究，自古已然。然此只系个人行为，高人逸士，每据为诗料，难言普遍。潮人所用茶具，大体相同，不过以家资有无，精粗有别而已。今将各饮家所常备之器皿列下：

茶壶：俗名冲罐，以江苏宜兴硃砂泥制者为佳。其制肇于金砂寺老僧，而潮人最珍贵者，为孟臣、铁画轩、秋圃、萼圃、小山、袁熙生等。壶之样式甚多新颖。即如壶腹款识，运刀刻字，亦在乐毅黄庭之间，人多宝贵之。壶之采用，宜小不宜大，宜浅不宜深，其大小之分，更以饮茶人数定之，爰有二人罐、三人罐、四人罐之别。其深浅则关系气味，浅能酿味，能留香，不蓄水。若去盖浮水，不颇不侧，谓之水平。覆壶而口嘴（滴嘴也）提柄皆平，谓之三山齐。壶之色泽有硃砂、古铁、栗色、紫泥、石黄、天青等，间有银沙闪烁者，乃以钢砂和制之，硃粒累累，俗谓之柚皮砂，更为珍贵，价同拱璧，所谓沙土与黄金争价，即指此也。壶之款式，有小如桔子，大如蜜柑者，有瓜形、柿形、菱形、鼓形、梅花形，又有六角、栗子、圆珠、莲子、冠桥等。式样精美，巧妙玲珑，饶有风趣。（冲罐之外，仍有大茶壶、茶鼓、茶筛、茶裆、茶笼［因为保温］，非工夫茶所宜有之物，故不论列。）

盖瓯：形如仰钟，而有上盖，下置于垫，俗名茶船。本为宦家各位供客自斟之器，潮人亦采用之，或者客多稍忙，故以之代冲罐，为其出水（洒茶别称）快也。惟纳茶之法，必与纳罐相同，不能颠顶。其逊于冲罐者，因瓯口阔，不能留香。或因冲罐数冲之后，稍嫌味薄，即将余茶掬于瓯中，再冲，备饷多客，权宜为之，不视为常规也。

茶杯：以若深制者为佳，白地蓝花，底平口阔，杯背书"若深珍藏"四字。此外仍有精美小杯，径不及寸，建窑白瓷制者，质薄如纸，色洁如玉，盖不薄则不能起香，不洁则不能衬色。此外四季用杯，各有色别，春宜牛目杯，夏宜栗子杯，秋宜荷叶杯，冬宜仰钟杯。杯亦宜小宜浅，小则一啜而尽，浅则水不留底。（近人取景德制之喇叭杯，口阔脚尖，而深斟必仰首，数斟始罄。又有提柄之牛乳杯，均为讲工夫茶者所摒弃。）

茶洗：茶洗，形如大碗，深浅式样甚多，贵重窑产价亦昂贵。烹茶之家，必备三个，一正二副；正洗用以浸茶杯，副洗一以浸冲罐，一以储茶渣，暨杯盘弃水。

茶盘：茶盘，宜宽宜平，宽则足容四杯，有圆如满月者，有方如棋枰者。底欲其平，缘欲其浅，饶州官窑所产素瓷青花者为最佳，龙泉、白定次之。

茶垫：茶垫，如盘而小，径约三寸，用以置冲罐，承滚汤。式样夏日宜浅，冬日宜深，深则可容多汤，俾勿易冷，茶垫之底，托以垫毡，以秋瓜络为之，不生他味，毡毯旧布剪成圆形，稍有不合矣。

水瓶：水瓶，贮水以备烹茶。瓶修颈垂肩，平底，有提柄，素瓷青花者佳。有一种形似萝卜樽，束颈有嘴，饰以螭龙，名螭龙罇（俗呼钱龙罇，钱螭叠韵字）。

水钵：水钵，多为瓷制，款式亦多，置于茶床之上，用于贮水，掬以椰瓢。有红金彩者，明代制物也，用五金釉，描金鱼二尾于钵底，水动时则金鱼泳跃，希世奇珍也。

龙缸：龙缸，可容多量坑河水，托以木几，置之斋侧，素瓷青花，气色盎然。有宣德年制者，然不可多得。康乾间所产，亦足见重。

红泥火炉：红泥小火炉，古用以温酒，潮人则用以煮茶，高六七寸。有一种高脚炉，高二尺余，下半有格，可盛榄核炭，通风束火，作业甚便。

砂铫：砂铫，俗名茶锅仔。沙泉清冽，故铫必砂制。枫溪名手所作，轻巧可喜。或用铜铫、锡铫、轻铁者，终不免生金属气味，不可用。

羽扇：羽扇，用以煽炉。潮安金砂陈氏有自制羽扇，拣净白鹅翎为之，其大如掌，竹柄丝绳，柄长二尺，形态精雅。又炉旁必附铜箸一对，以为钳炭挑火之用，烹茗家所不可少。此外茶罐锡盒，个数视所藏茶叶种类多寡而定，有多至数十个者，大小兼备。名贵之茶，须罐口紧闭。潮阳颜家所制锡器，有闻于时。又有茶巾，用于净涤器皿。竹箸，用于箝挑茶渣。茶桌，用于摆设茶具。茶担，可以装贮茶器。春秋佳日，登山游水，临流漱石，林壑清幽，呼奚僮，肩茶担，席地烹茗，啜饮云腴，有如羲皇仙境。"工夫茶"具已尽于此，饮茶之家，必须一一毕具，方可称为"工夫"，否则牛饮止渴，工夫茶云乎哉。

烹法：茶质、水、火、茶具，既一一讲求，苟烹制拙劣，亦何能语以工夫之道？是以"工夫茶"之收功，全在烹法。所以世胄之家，高雅之士，烹茶应客，不论洗涤之微，纳洒之细，全由主人亲自主持，未敢轻易假人；一易生手，动见偾事。

治器：泥炉起火，砂铫掏水，搧炉，洁器，候火，淋杯。

纳茶：静候砂铫中有松涛飕飕声，泥炉初沸突起鱼眼时（以意度之，不可掀盖看也），即将砂铫提起，淋罐淋杯令热，再将砂铫置炉上，俟其火硕（老也，俗谓之硕）。一面打开锡罐，倾茶于素纸上，分别粗细，取其最粗者填于罐底滴口处；次用细末，填塞中层；另以稍粗之叶，撒于上面，谓之纳茶。纳不可太饱满，缘贵重茶叶，嫩芽紧卷，舒展力强，苟纳过量，难容汤水，且液汁浓厚，味带苦涩，约七八成足矣。神明变幻，此为初步。

候汤：《茶谱》云："不藉汤勋，何昭茶德。"《茶说》云："汤者茶之司命，见其沸如鱼目，微微有声，是为一沸；铫缘涌如连珠，是为二沸；腾波鼓浪，是为三沸。一沸太稚，谓之婴儿汤；三沸太老，谓之百寿汤（案：老汤亦不可用）。苦水面浮珠，声若松涛，是为第二沸，正好之候也。"《大观茶论》云："凡用汤以鱼目、蟹眼连绎迸跃为度。"苏东坡煎茶诗："蟹眼已过鱼眼生。"潮俗深得此法。

冲点：取滚汤，揭罐盖，环壶口，缘壶边冲入，切忌直冲壶心，不可断续，又不可迫促。铫宜提高倾注，始无涩滞之病。

刮沫：冲水必使满而忌溢，满时茶沫浮白，溢出壶面，提壶盖从壶口平刮之，沫即散坠，然后盖定。

淋罐：壶盖盖后，复以热汤遍淋壶上，以去其沫。壶外追热，则香味盈溢壶中。

烫杯：淋罐已毕，仍必淋杯。淋杯之汤，宜直注杯心，若误触边缘，恐有破裂，俗谓烧盅热罐，方能起香。

洒茶：茶叶纳后，淋罐淋杯，倾水，几番经过，正洒茶适当时候。缘洒不宜速，亦不宜迟；速则浸浸未透，香色不出；迟则香味迸出，茶色太浓，致味苦涩，全功尽废。洒必各杯轮匀，又必余沥全尽。两三洒后，覆转冲罐，俾滴尽之。

　　洒茶既毕，乘热，人各一杯饮之。杯缘接唇，杯面迎鼻，香味齐到，一啜而尽，三嗅杯底，味云腴，餐秀美，芳香溢齿颊，甘泽润喉吻，神明凌霄汉，思想驰古今。境界至此，已得"工夫茶"三昧。

# 参考文献

〔1〕张曦.潮州音乐？还是潮汕音乐？[J]，星海音乐学院学报，2013.4：33-42.

〔2〕杨方笙.潮汕歌谣[M].汕头：艺苑出版社，2001.

〔3〕隗芾.潮汕学发凡[G]//郑良树.潮州学国际研讨会论文集.广州：暨南大学出版社，1993.

〔4〕林伦伦.对潮学和潮汕文化的再认识[G]//饶宗颐.潮学研究：9.广州：花城出版社，2001.

〔5〕严利人.工夫茶，还是功夫茶？[N].人民政协报，2020-10-16（11）.

〔6〕曾楚楠，叶汉钟.潮州工夫茶话[M].广州：暨南大学出版社，2011.

〔7〕人力资源和社会保障部教材办公室，中国老教授协会职业教育研究院.中国（潮州）工夫茶艺师[M].北京：中国劳动社会保障出版社：中国人事出版社，2017.

〔8〕黄挺.潮汕文化源流[M].广州：广东高等教育出版社，1997.

〔9〕叶汉钟，卢湘萍."潮州工夫茶"释义新补[J]，中国茶叶，2013.03：36-38.

〔10〕邱捷.潮汕工夫茶精制走向新时代[J]，广东茶业，2006(05)：31.

〔11〕张燕忠，张凌云，王登良.烘焙技术在乌龙茶精制中的应用研究现状与探讨[J]，茶叶，2008(02)：75-77.

〔12〕张皓.论日本茶道文化推广对中国的启示[J]，边疆经济与文化，2018(03)：94-96.

〔13〕叶汉钟.潮州工夫茶概述[M].广州：广东人民出版社，2021.7.

〔14〕隆铭，柯定国.中国凤凰单丛[M].汕头：汕头大学出版社，2022.4.